AF747495

Nueva pirámide de evidencia científica para investigadores

Gilmer Torres Ramos
Jessica Arieta-Miranda

CADUCEUS

NUEVA PIRÁMIDE DE EVIDENCIA CIENTÍFICA PARA INVESTIGADORES
© Gilmer Torres Ramos
© Jessica Arieta-Miranda

Editado por: Corporación Ígneo, S.A.C.
para su sello editorial Caduceus
José Olaya 169, Ofic. 504, Miraflores. Lima, Perú
Primera edición, mayo, 2026

ISBN: 978-612-5170-24-8
Tiraje: 50 ejemplares

Hecho el Depósito Legal en la Biblioteca Nacional del Perú N° 2025-07386
Se terminó de imprimir en mayo de 2026 en:
ENOTRIA S.A.
Av. Nicolás Ayllón 2890. Ate, Lima - Perú

www.grupoigneo.com
Correo electrónico: contacto@grupoigneo.com | Teléfono: +51 955 071 270
Facebook: Grupo Ígneo | X: @editorialigneo | Instagram: @grupoigneo

Reservados todos los derechos. El contenido de esta obra está protegido por leyes de ámbito nacional e internacional, que establecen penas de prisión o multas, además de las correspondientes indemnizaciones por daños y perjuicios, para quienes reprodujeren, plagiaren, distribuyeren o comunicaren públicamente, en todo o en parte, una obra literaria, artística o científica, o su transformación, interpretación o ejecución artística fijada en cualquier tipo de soporte o comunicada a través de cualquier medio, sin la preceptiva autorización.

Contenido

Índice de tablas

Índice de figuras

Resumen

En la era contemporánea, el volumen de información científica crece a un ritmo acelerado, generando una avalancha constante de datos que inundan los campos de la salud y la odontología. Paradójicamente, esta sobreabundancia, lejos de facilitar la toma de decisiones clínicas, representa un desafío significativo: identificar, entre tanto contenido disponible, cuál constituye evidencia válida, confiable y clínicamente relevante. En este contexto, el rol del profesional de la salud se redefine: ya no basta con estar informado, sino que se requiere una actitud crítica, sistemática y selectiva frente a la información. Es decir, no se trata simplemente de acceder a datos, sino de discriminar aquellos que realmente fundamentan las intervenciones terapéuticas y garantizan beneficios concretos para los pacientes.

La clave para lograrlo radica en la comprensión profunda de los criterios de validez interna y externa de los estudios, así como en el uso riguroso de herramientas metodológicas que permitan evaluar la calidad de la evidencia disponible. Este proceso de valoración crítica ha dado lugar al desarrollo y consolidación de la investigación clínica basada en evidencia (ICBE), que hoy constituye un pilar esencial en la medicina y odontología modernas. Sin embargo, es importante advertir que no toda la información publicada cumple con estándares metodológicos adecuados. Muchos estudios presentan limitaciones o sesgos que comprometen sus resultados y que, si no son identificados oportunamente, pueden inducir a errores clínicos.

En este escenario, las herramientas de evaluación crítica adquieren un valor insustituible, ya que nos permiten distinguir entre la información útil y aquella potencialmente riesgosa o irrelevante. Al dominar estos recursos, los profesionales son capaces no solo de interpretar correctamente los hallazgos científicos, sino también de reconocer que las pirámides de evidencia tradicionales, aunque orientadoras, no reflejan plenamente la complejidad de la validez metodológica ni el grado real de aplicabilidad clínica de cada estudio. Este reconocimiento impulsa una mirada más profunda y contextualizada, que va más allá del diseño del estudio para considerar aspectos clave como el riesgo de sesgo, la calidad metodológica y la consistencia de los resultados.

En las siguientes secciones se abordarán con detalle los conceptos fundamentales para este análisis: validez interna y externa, niveles de evidencia, grados de recomendación y la detección sistemática de sesgos. Asimismo, se detallarán las diferentes clasificaciones de jerarquización de la evidencia y grado de recomendación de mayor uso en la actualidad, así como la evolución de la clásica pirámide de evidencia científica, incorporando herramientas contemporáneas como la *Umbrella Review*, que permite sintetizar múltiples revisiones sistemáticas para alcanzar un nivel superior de evidencia. Solo mediante esta integración metodológica crítica podremos asegurar que nuestras decisiones clínicas estén basadas en la evidencia más sólida y relevante disponible.

Contexto situacional actual de la evidencia científica

La búsqueda de la mejor evidencia científica disponible para tomar decisiones y aplicarla en la práctica clínica es un interés constante de los profesionales inmersos en las ciencias de la salud. La necesidad de obtener evidencia científica de alta calidad sugiere emplear un método riguroso de evaluación de la metodología de los trabajos de investigación. La evidencia científica médica y odontológica, o las recomendaciones en las que están basadas, pueden ser de diferente calidad. Las fuentes de evidencia van desde la opinión de expertos, pasando por estudios pequeños en laboratorio o reportes de casos, hasta estudios clínicos grandes y bien diseñados que buscan minimizar la probabilidad de sesgos (ensayos clínicos controlados aleatorios, doble ciego, no ciego y metaanálisis).

Debido a que la evidencia de mala calidad puede llevar a recomendaciones que no benefician a los pacientes, es fundamental conocer si una recomendación es fuerte (si podemos confiar en dicha recomendación) o débil (no podemos confiar en ella). Emitir juicios sobre la calidad de la evidencia y el grado de las recomendaciones mediante un enfoque sistemático puede ayudar a prevenir o disminuir los errores, facilitar la valoración crítica de estos juicios y mejorar la comunicación de esta información[1].

En las últimas dos décadas se ha reportado un incremento significativo en la producción de investigación clínica basada en evidencia (infotoxicación); sin embargo, no todos los conocimientos provenientes de artículos científicos tienen el mismo impacto o valor sobre la toma de decisiones. Por tal razón, se debe emplear un método preciso para compilar la evidencia científica, analizar de forma crítica los trabajos de investigación y seleccionar adecuadamente la información para responder a la interrogante en cuestión, valorando la validez interna (metodología empleada y riesgo de sesgo), el impacto de los resultados y la validez externa del artículo (posible reproducibilidad de los resultados en la población que nos interesa)[2].

Las revisiones sistemáticas constituyen un método fundamental para evaluar la consistencia de la evidencia disponible, al analizar si los resultados de múltiples estudios sobre un mismo tema son concordantes. Asimismo, permiten valorar la aplicabilidad de los hallazgos; es decir, determinar si estos pueden extrapolarse a diferentes poblaciones o contextos clínicos. Además, las revisiones sistemáticas facilitan la identificación de vacíos en el conocimiento, orientando futuras líneas de investigación donde la evidencia es insuficiente o inexistente[3].

A diferencia de las revisiones tradicionales, las revisiones sistemáticas se realizan bajo principios de transparencia y replicabilidad científica, buscando minimizar el sesgo a través de estrategias exhaustivas que incluyen la búsqueda de estudios tanto publicados como no publicados. Además, utilizan metodologías estructuradas para la evaluación crítica de los procedimientos y resultados[4].

El desarrollo del metaanálisis ha fortalecido este enfoque, permitiendo sintetizar resultados de múltiples estudios con el fin de generar conclusiones robustas. Estas herramientas han sido fundamentales para el avance de las prácticas clínicas basadas en evidencia durante las últimas décadas[4].

Sin embargo, a pesar de la abundancia de información disponible en la literatura científica, no toda la evidencia publicada posee el mismo valor para la toma de decisiones clínicas. Por ello, es fundamental aplicar un enfoque riguroso para evaluar la calidad de la evidencia. Este proceso requiere una evaluación crítica, que incluye:

- **Análisis crítico:** revisión detallada de los artículos científicos con el fin de responder de manera precisa a la pregunta de investigación.
- **Validez interna:** evaluación de la solidez metodológica de los estudios. Es esencial identificar posibles sesgos que puedan distorsionar los resultados.
- **Validez externa:** determinación de la aplicabilidad de los resultados a otras poblaciones o contextos clínicos distintos a los del estudio original.

Fiabilidad y validez: conceptos fundamentales en la evaluación de la evidencia

Para valorar adecuadamente la calidad de la evidencia, es imprescindible comprender la diferencia entre fiabilidad y validez:

- **Fiabilidad:** hace referencia a la consistencia y precisión de las mediciones obtenidas con un instrumento. Un instrumento fiable genera resultados consistentes cuando se repite la medición bajo las mismas condiciones, minimizando los errores aleatorios.

- **Validez:** evalúa si el instrumento realmente mide lo que se propone medir. Por ejemplo, un cuestionario destinado a medir el dolor debe evaluar efectivamente esta variable y no otra relacionada.

Aunque ambos conceptos están vinculados, no son equivalentes. La fiabilidad se enfoca en la precisión del instrumento, mientras que la validez está relacionada con la exactitud de las conclusiones y la relevancia de su aplicación en contextos clínicos reales.

Metodologías y estrategias de búsqueda en la evidencia científica

El proceso de búsqueda y análisis de la evidencia varía entre disciplinas. En las ciencias de la salud, los métodos están más estructurados y orientados a la toma de decisiones basadas en la evidencia, mientras que en las ciencias sociales, como la gestión, se emplean enfoques más cualitativos y exploratorios.

En el ámbito de la salud existen clasificaciones jerárquicas que permiten valorar la calidad de la evidencia y la fuerza de las recomendaciones, como la pirámide de la evidencia y los sistemas Grading of Recommendations Assessment, Development and Evaluation (GRADE)[5,6]. Estas herramientas son esenciales para seleccionar la mejor evidencia disponible y apoyar decisiones clínicas informadas y seguras.

Comprender los principios de fiabilidad, validez y análisis crítico, así como las metodologías de búsqueda y evaluación, permite a los profesionales de la salud navegar de manera adecuada la amplia oferta de información científica. Esto garantiza que las decisiones clínicas se fundamenten en la mejor evidencia disponible, promoviendo una práctica segura, eficaz y actualizada.

Origen y evolución de la medicina basada en la evidencia

El concepto de medicina basada en la evidencia (MBE) tiene sus raíces en las reflexiones del epidemiólogo inglés Archie Cochrane, quien fue uno de los primeros en cuestionar la forma tradicional de tomar decisiones clínicas. En 1972, Cochrane publicó su influyente obra *Effectiveness and Efficiency: Random Reflections on Health Services*[7], donde enfatizó la importancia de recopilar y analizar de forma crítica los ensayos clínicos con el fin de fundamentar las decisiones médicas en pruebas empíricas fiables. Aunque Cochrane no llegó a ver materializada su propuesta, sus ideas sentaron las bases para la creación de la actual Colaboración Cochrane.

En 1992, el Evidence-Based Medicine Working Group (EBMWG) publicó en el *Journal of the American Medical Association* el artículo *Evidence-Based Medicine: A New Approach to Teaching the Practice of Medicine*, en el que se promovía un cambio de paradigma. Este nuevo enfoque proponía superar la dependencia exclusiva de la intuición clínica, la experiencia no sistemática y el razonamiento fisiopatológico, para dar prioridad al análisis crítico de la mejor evidencia científica disponible[8].

Hasta ese momento, la práctica clínica se basaba predominantemente en la experiencia individual del profesional, confiando en soluciones previamente conocidas para problemas similares. Según estimaciones de Smith (1991), solo entre el 15 % y el 20 % de las prácticas sanitarias de la época contaban con una efectividad demostrada. Este contexto generaba interpretaciones sesgadas y limitaba la capacidad de los profesionales para extraer conclusiones sólidas, especialmente frente al creciente volumen de literatura científica[9].

Desde un enfoque científico, las generalizaciones basadas en experiencias clínicas aisladas y no sistemáticas resultaban metodológicamente inadecuadas y potencialmente peligrosas. Aunque estos métodos aún persisten en algunas áreas, la medicina basada en la evidencia proporciona un marco más sólido para responder preguntas clave: ¿qué intervenciones son eficaces? ¿Cuáles ofrecen mayores beneficios y menores riesgos iatrogénicos?

El desarrollo y expansión de la Colaboración Cochrane coincidió con la masificación de internet, lo que permitió, a partir de 1998, el acceso global a sus bases de datos. Paralelamente, el grupo de McMaster University, liderado por David Sackett, avanzó en la consolidación del concepto de MBE, publicando en 1997 el libro *Evidence-Based Medicine: How to Practice and Teach EBM*, una obra clave para la enseñanza y aplicación clínica[10].

En el contexto hispano, la expansión de la Colaboración Cochrane se materializó con la creación del Centro Cochrane Iberoamericano en el año 2000, continuando la labor iniciada por el Spanish Cochrane Centre desde 1997. Estos centros han promovido revisiones sistemáticas rigurosas y han contribuido a mejorar la calidad de la investigación y su aplicación en la práctica clínica.

Actualmente, el Centro Cochrane Iberoamericano (CCIb), con sede en el Hospital de Sant Pau, en Barcelona, continúa desempeñando un rol crucial en la producción, traducción y difusión de revisiones sistemáticas de alta calidad.

La pandemia de COVID-19 demostró la necesidad de generar evidencia de forma más rápida. Cochrane ha estado adaptando sus procesos para responder de manera ágil a los desafíos de salud global, manteniendo el rigor metodológico.

Recientemente, Cochrane ha anunciado la creación de Unidades de Síntesis de Evidencia (ESU) en varios continentes, incluyendo una unidad iberoamericana. Estos grupos multidisciplinarios tienen como objetivo entregar evidencia confiable para abordar los principales desafíos de salud global, buscando una transformación organizacional para la producción de síntesis de evidencia en un plazo de tres a cinco años. Esto implica un enfoque en la agilidad y la capacidad de respuesta, sin perder la calidad.

Hay un enfoque creciente en cómo la evidencia llega y se aplica en la práctica clínica. Esto incluye el estudio de barreras y facilitadores para la implementación de la evidencia, y el desarrollo de estrategias para mejorar la «alfabetización en salud» de los pacientes y la toma de decisiones compartida.

En resumen, el Centro Cochrane Iberoamericano y la Colaboración Cochrane en el ámbito hispano no solo mantienen su compromiso con las revisiones sistemáticas rigurosas, sino que también están evolucionando para ser más ágiles, accesibles y relevantes en un panorama de salud cada vez más complejo y demandante. Siguen siendo un faro para la toma de decisiones basada en evidencia en nuestra región[11].

Origen y evolución de la odontología basada en la evidencia

La odontología basada en la evidencia (OBE) surge a principios de los años noventa como una extensión de la medicina basada en la evidencia (MBE), cuyo desarrollo se remonta a inicios de esa misma década. La MBE fue propuesta como un enfoque sistemático para integrar la mejor evidencia disponible con la experiencia clínica y las preferencias del paciente en la toma de decisiones sanitarias. Este paradigma se trasladó posteriormente a la odontología con el objetivo de optimizar la atención clínica a través de decisiones informadas y sostenidas en pruebas científicas de alta calidad.

El primer artículo sobre OBE fue publicado en 1995 por Derek Richards y Alan Lawrence en *British Dental Journal*, dando pie a la creación del Centre for Evidence-Based Dentistry[12].

La FDI (Federación Dental Internacional) adoptó en 2016 una declaración de principios que promueve y respalda el enfoque OBE, reconociendo su importancia ética y científica[13].

En sus primeras etapas, la OBE se centró en la evaluación crítica del diseño de los estudios y en la jerarquización de las evidencias, estableciendo que no todos los estudios ofrecen el mismo nivel de confiabilidad. Con el tiempo, se desarrollaron metodologías específicas para la odontología, como las revisiones sistemáticas adaptadas a las particularidades de las enfermedades orales y los tratamientos odontológicos.

La evolución de la OBE ha estado marcada por la creación de guías clínicas basadas en evidencia, la incorporación de herramientas para la evaluación de la calidad de los estudios y la promoción de la práctica clínica informada. Además, la expansión del acceso a bases de datos y a recursos digitales ha facilitado la implementación de este enfoque en la formación de odontólogos y en la atención diaria de los pacientes.

Actualmente, la OBE no solo busca responder preguntas sobre la efectividad de tratamientos, sino también evaluar la consistencia de los resultados entre estudios, su aplicabilidad en diferentes contextos clínicos y la identificación de vacíos de conocimiento que orientan la investigación futura.

Desde finales del siglo XX, han proliferado bases de datos, guías clínicas basadas en evidencia y programas de formación en OBE, así como revisiones sistemáticas y herramientas de valoración como GRADE.

La pandemia de COVID-19 y la odontología basada en la evidencia (OBE)

La pandemia de COVID-19 tuvo un impacto significativo en la práctica odontológica a nivel mundial, acelerando la necesidad de aplicar la odontología basada en la evidencia (OBE) para responder a nuevos desafíos clínicos, epidemiológicos y de bioseguridad. Ante un escenario de rápida propagación del virus SARS-CoV-2, los profesionales de la salud oral enfrentaron la urgente necesidad de tomar decisiones fundamentadas en la mejor evidencia disponible, en contextos donde la información era inicialmente limitada y cambiante.

Durante este periodo, la OBE permitió:

- La rápida evaluación de riesgos y protocolos de bioseguridad. A través de revisiones sistemáticas y estudios observacionales, se establecieron medidas de protección personal, manejo de aerosoles y desinfección en el consultorio dental.
- El desarrollo de guías clínicas basadas en evidencia emergente. Diversas organizaciones internacionales, como la Organización Mundial de la Salud (OMS)[14] y la Federación Dental Internacional (FDI)[15], actualizaron continuamente sus recomendaciones clínicas para procedimientos odontológicos durante la pandemia.

- La priorización de tratamientos. La OBE ayudó a distinguir entre urgencias y procedimientos electivos, optimizando los recursos y reduciendo el riesgo de transmisión en clínicas dentales.
- El fortalecimiento de la teleodontología. La evidencia publicada durante la pandemia apoyó el uso de la teleconsulta como herramienta eficaz para el seguimiento, la educación al paciente y la reducción de visitas presenciales innecesarias.

La pandemia también evidenció limitaciones en la disponibilidad de estudios de alta calidad en tiempo real, lo que llevó a un mayor uso de recomendaciones basadas en consensos de expertos, revisiones rápidas y estudios preliminares. Sin embargo, este contexto favoreció el fortalecimiento de redes internacionales de colaboración para la producción acelerada de evidencia específica para la odontología.

En conclusión, la pandemia de COVID-19 reforzó la importancia de la OBE como pilar esencial para la toma de decisiones clínicas informadas y adaptadas a situaciones emergentes, además de impulsar la investigación odontológica de manera más colaborativa y global[16].

Desarrollo de la medicina basada en la evidencia y la evolución de las herramientas metodológicas

El grupo liderado por David Sackett, en la Universidad McMaster de Canadá, desarrolló los principios fundamentales de la enseñanza y práctica de la medicina basada en la evidencia, los cuales siguen vigentes hasta la actualidad. Estos principios se resumen en la integración de la experiencia clínica individual con la mejor evidencia científica disponible, obtenida mediante la investigación sistemática[8].

A partir de estos desarrollos iniciales surgieron numerosos grupos de trabajo conformados por profesionales de la salud y científicos independientes, dedicados a perfeccionar las metodologías de evaluación de la evidencia. Estos equipos han diseñado protocolos y herramientas de apoyo para la elaboración de revisiones sistemáticas, con especial énfasis en el análisis crítico y la valoración de la calidad y el nivel de la evidencia.

Entre las organizaciones más relevantes se destaca la Colaboración Cochrane (www.cochrane.org), una red internacional dedicada a la producción de revisiones sistemáticas de alta calidad. También sobresale el GRADE Working Group (www.gradeworkinggroup.org), formado en respuesta a la proliferación de sistemas de clasificación de la evidencia. Este grupo se ha enfocado en construir y validar una clasificación sencilla, uniforme y comprensiva que contemple todos los factores relevantes para la toma de decisiones clínicas[17,18].

Otra iniciativa destacada es la red Critical Appraisal Skills Programme (CASPe; www.redcaspe.org), que ofrece formación en lectura crítica tanto en modalidad presencial como virtual. Este programa está dirigido a profesionales clínicos, investigadores, gestores y pacientes del sistema de salud, y proporciona herramientas prácticas para evaluar la calidad metodológica de los estudios. Además, CASPe promueve la capacitación de formadores en lectura crítica, ampliando el alcance educativo de estas competencias.

A partir del rigor metodológico de los estudios, se han propuesto escalas jerárquicas para clasificar la evidencia y establecer recomendaciones sobre la adopción de procedimientos e intervenciones sanitarias[5,6]. En general, estas clasificaciones se basan en la evaluación de los diseños de los estudios, asumiendo que algunos presentan mayor riesgo de sesgo que otros y, por tanto, ofrecen menor solidez para la toma de decisiones clínicas.

La proliferación de escalas y sistemas de clasificación ha generado cierta confusión en la práctica clínica y en la elaboración de guías basadas en la evidencia. Este fenómeno se debe, en parte, a la complejidad de algunas escalas, al lenguaje técnico poco familiar para los profesionales clínicos y a las diferencias metodológicas entre los sistemas disponibles[2].

El nivel de evidencia se clasifica considerando la consistencia de los resultados entre los estudios analizados, así como el tipo y la calidad de los mismos. Para ello, se han desarrollado distintos esquemas y baremos que contemplan la cantidad de estudios con resultados consistentes, contradictorios o neutros, el diseño metodológico, la calidad de la evidencia y, en algunos casos, la evaluación económica de las intervenciones[19].

A pesar de las variaciones entre las escalas existentes, se observa un grado significativo de convergencia en sus principios básicos. Estas escalas establecen grados de recomendación que dependen tanto de la calidad de la evidencia como del balance entre beneficios y riesgos de las intervenciones evaluadas, considerando adicionalmente el análisis de costo-efectividad.

Actualmente, existen diferentes escalas de gradación de la calidad de la evidencia científica y todas ellas son similares entre sí; sin embargo, es necesario diferenciarlas para su aplicación en la evaluación de los estudios de investigación.

Existen varias propuestas y clasificaciones de jerarquización de la evidencia y grado de recomendación de mayor uso en la actualidad, encontrándose, según la situación clínica, las siguientes: CTFPHC, SACKETT, USPSTF, OCEBM, GRADE, SIGN, NICE, NHMRC, PCCRP, ADA, ACCF/AHA y AATM (tabla 1).

Es importante tener presente que se debe elegir la clasificación que más se ajuste a nuestra necesidad y que permita discriminar entre un nivel y otro, para realizar las recomendaciones más adecuadas al entorno asistencial y poblacional. Es así como se dispone de clasificaciones amplias, con una propuesta distinta para diferentes escenarios (CEBM, NHMRC, etc.), así como de clasificaciones más específicas que apuntan a un escenario puntual (CTFPHC, USPSTF, GRADE, etc.)[20]. Otras, como el Scottish Intercollegiate Guidelines Network (SIGN)[21], han sido incorporadas para evaluar el nivel de la evidencia disponible, realizar recomendaciones y generar guías de práctica clínica basadas en la evidencia.

Tabla 1. Propuestas de jerarquización de la evidencia analizadas

Propuesta	Tratamiento	Prevención	Etiología	Daño	Pronóstico	Diagnóstico	Prevalencia	Tamizaje	Económicos
CTFPHC		X							
SACKETT	X	X	X	X	X	X			X
USPSTF						X			
CEBM	X	X	X	X	X	X	X		X
GRADE	X								
SIGN	X								
NICE	X					X			
NHMRC	X		X		X	X		X	
PCCRP	X								
ADA	X								
ACCF/AHA	X								
AATM	X								

Tomada y modificada de Mella et al. (2012)[22] y Manterola (2014)[23]. Clasificaciones de niveles de evidencia y grados de recomendación analizadas. Se puede observar que algunas de ellas son específicas para cierto tipo de escenarios.

1. La Canadian Task Force on Preventive Health Care (CTFPHC) y la clasificación de grados de recomendación

En 1979, la Canadian Task Force on the Periodic Health Examination (CTFPHC) desarrolló un sistema de clasificación para evaluar medidas preventivas en salud, el cual fue adoptado posteriormente por la United States Preventive Services Task Force y actualizado por Harris *et al.* en su tercera edición (2001)[24]. Este modelo fue diseñado para apoyar la elaboración de guías de práctica clínica de la Public Health Agency of Canada (PHAC), proporcionando grados de recomendación basados en el diseño y la calidad metodológica de los estudios disponibles (Birtwhistle *et al.*, 2012)[25].

El sistema clasificatorio asigna grados de recomendación mediante un código alfabético:

- **Grado A y B:** existe evidencia sólida que respalda la intervención y se recomienda su aplicación.
- **Grado C:** la evidencia es contradictoria, por lo que no se puede emitir una recomendación definitiva a favor o en contra, aunque pueden considerarse otros factores contextuales.
- **Grado D y E:** existe evidencia suficiente para desaconsejar la intervención, ya sea de forma moderada o fuerte.
- **Grado I:** la evidencia es insuficiente en cantidad o calidad para emitir una recomendación concluyente, aunque pueden existir otros elementos relevantes para la decisión clínica (CTFPHC, 2003).

Este modelo (tabla 2) ha sido fundamental para la formulación de recomendaciones preventivas basadas en la mejor evidencia disponible y continúa siendo un referente en la evaluación de intervenciones en salud pública.

Tabla 2. Grados de recomendación para las intervenciones de prevención (CTFPHC)

Grados de recomendación	Interpretación	Recomendación
A	Existe buena evidencia para recomendar la intervención clínica de prevención.	Se recomienda realizar la intervención.
B	Existe evidencia moderada para recomendar la intervención clínica de prevención.	Se recomienda realizar la intervención.
C	La evidencia disponible es contradictoria y no permite hacer recomendaciones a favor o en contra de la intervención clínica preventiva.	No se puede emitir una recomendación definitiva; pueden considerarse otros factores.
D	Existe evidencia moderada para no recomendar la intervención clínica de prevención.	No se recomienda realizar la intervención.
E	Existe buena evidencia para no recomendar la intervención clínica de prevención.	No se recomienda realizar la intervención.
I	Existe evidencia insuficiente (cualitativa y cuantitativa) para hacer una recomendación.	No se puede emitir una recomendación; considerar otros factores clínicos o contextuales.

La CTFPHC procedió a clasificar el diseño de los estudios según niveles de evidencia e interpretación de los tipos de estudio para intervenciones de prevención, estableciendo una clasificación de I a III, en la que el nivel I representa la mayor calidad y el III la menor (tabla 3).

Tabla 3. Niveles de evidencia e interpretación de los tipos de estudio para intervenciones de prevención (CTFPHC)

Niveles de evidencia	Interpretación
I	La evidencia existente surge a partir de ensayos clínicos CON asignación aleatoria.
II-1	La evidencia existente surge a partir de ensayos clínicos SIN asignación aleatoria.
II-2	La evidencia existente surge a partir de estudios de cohortes, y de casos y controles, idealmente realizados por más de un centro o grupo de investigación.
II-3	La evidencia existente surge a partir de comparaciones en el tiempo o entre distintos centros, con o sin la intervención; podrían incluirse resultados provenientes de estudios SIN asignación aleatoria.
III	La evidencia existente surge a partir de la opinión de expertos basada en la experiencia clínica; estudios descriptivos o informes de comités de expertos.

Todo ello para pasar a clasificar los estudios según su validez interna o su calidad metodológica (tabla 4), con posterioridad.

Tabla 4. Validez interna e interpretación de los tipos de estudio para intervenciones de prevención (CTFPHC)

Validez interna	Interpretación
Buena	Un estudio, incluidas revisiones sistemáticas y metanálisis, que cumple los criterios específicos de un estudio bien diseñado.
Moderada	Un estudio, incluidas revisiones sistemáticas y metanálisis, que NO cumple o no está claro que cumpla al menos uno de los criterios específicos de un estudio bien diseñado, aunque no tenga defectos metodológicos graves.
Insuficiente	Un estudio, incluidas revisiones sistemáticas y metanálisis, que tiene al menos un defecto metodológico grave en su diseño o que no cumple, o no está claro que cumpla, al menos uno de los criterios específicos de un estudio bien diseñado. O que no tenga defectos metodológicos graves, pero que acumule defectos menores que hagan que los resultados del estudio no permitan plantear recomendaciones.

Adicionalmente, la CTFPHC se apoya en el sistema GRADE para evaluar la calidad de la evidencia y realizar recomendaciones en el ámbito de la prevención[20].

2. Clasificación de los niveles de evidencia según Sackett

Esta sistematización, propuesta por Sackett (1989)[26], jerarquiza la evidencia, tal y como se puede apreciar en la tabla 5, en niveles que van del 1 al 5, siendo el nivel 1 la mejor evidencia y el nivel 5 la peor, o si se prefiere, la menos buena.

2.1. La clasificación de niveles de evidencia según Sackett: fundamentos y limitaciones

La clasificación de niveles de evidencia propuesta por Sackett introdujo un modelo estructurado que combina dos dimensiones clave: los grados de recomendación y los niveles de evidencia que respaldan las intervenciones clínicas. Este sistema establece que las recomendaciones pueden derivarse de cinco niveles de evidencia, ordenados jerárquicamente según la solidez metodológica de los estudios disponibles.

El grado de recomendación A corresponde a conclusiones fundamentadas en las evidencias más robustas, específicamente aquellas provenientes de los niveles 1a, 1b y 1c. Estas evidencias poseen alta capacidad para influir en la práctica clínica debido a su rigor y consistencia. Por otro lado, el grado B se asigna a conclusiones basadas en pruebas de menor calidad metodológica (niveles 2a, 2b, 3a, 3b), las cuales ofrecen orientaciones útiles, pero con un menor grado de certeza. Finalmente, el grado C se refiere a recomendaciones apoyadas por evidencias débiles o indirectas, cuyo nivel de fiabilidad es limitado.

Este modelo destaca por su claridad jerárquica y por establecer una relación directa entre la fortaleza de la evidencia y el grado de certeza en la recomendación. Sin embargo, presenta limitaciones que han sido ampliamente debatidas en la literatura metodológica. Una de las principales desventajas es la ausencia de subcategorías dentro de cada grado, lo que dificulta la precisión en situaciones clínicas complejas donde la evidencia disponible no encaja de manera estricta en los niveles definidos.

A pesar de estas limitaciones, la clasificación de Sackett es considerada pionera y ha servido como punto de partida para el desarrollo de sistemas más refinados que buscan superar estos inconvenientes, como el enfoque GRADE. Su influencia persiste hasta la actualidad y representa un hito en la evolución de la medicina basada en la evidencia.

Tabla 5. Clasificación de los niveles de evidencia según Sackett

GR	NE	Terapia, prevención, etiología y daño	Pronóstico	Diagnóstico	Estudios económicos
A	1a	RS de EC con AA	RS con Homogeneidad y metanálisis de estudios de cohorts Concurrentes	RS de estudios diagnósticos nivel 1	RS de estudios económicos nivel 1
	1b	EC con AA e interval de confianza Estrecho	Estudio individual de cohortes concurrente con seguimiento superior del 80% de la cohort	Comparación Independiente y enmascarada de un espectro de pacientes consecutivos, sometidos a la prueba diagnóstica y al estándar de Referencia	Análisis que compara los desenlaces posibles contra una medida de costos. Incluye un análisis de sensibilidad
B	2a	RS de estudios de cohortes	RS de estudios de cohortes históricas	RS de estudios de diagnósticos de nivel mayor que 1	RS de estudios económicos nivel mayor que 1
	2b	Estudios de cohortes individuales. EC de baja calidad	Estudios individuales de cohortes históricas	Comparación independiente y enmascarada de pacientes no consecutivos sometidos a la prueba diagnóstica y al estándar de referencia	Comparación de un número limitado de desenlaces contra una medida de costos. Incluye un análisis de sensibilidad
	3a	RS con homogeneidad de estudios de casos y controles			
	3b	Estudios de casos y controles Individuales		Estudios no consecutivos o carentes de un estándar de referencia	Análisis sin una medida exacta de costo, con análisis de sensibilidad
C	4	Series de casos. Estudios de cohortes y de casos y controles de mala Calidad	Series de casos. Estudios de cohortes de mala Calidad	Estudios de casos y de controles sin la aplicación de un estándar de referencia	Estudio sin análisis de sensibilidad
D	5	Opinión de expertos sin evaluación crítica explícita, o basada en fisiología o en investigación teórica	Opinión de expertos sin evaluación crítica explícita, o basada en fisiología o en investigación teórica	Opinión de expertos sin evaluación crítica explícita, o basada en fisiología o en investigación teórica	Opinión de expertos sin evaluación crítica explícita, o basada en fisiología o en investigación económica

AA: asignación aleatoria.

3. U. S. Preventive Services Task Force: evaluación de servicios preventivos

El United States Preventive Services Task Force (USPSTF), fundado en 1984, es un grupo independiente conformado por expertos en prevención y en metodologías de evaluación de la evidencia científica. Su misión principal es revisar de manera sistemática la investigación clínica disponible para valorar la efectividad de diversas intervenciones preventivas, tales como pruebas de detección (*screening*), servicios de asesoramiento, vacunas y usos preventivos de medicamentos[24].

El USPSTF desarrolló un sistema estructurado de jerarquización de la evidencia, mediante el cual asigna niveles de certeza que permiten evaluar el beneficio neto asociado a cada servicio preventivo. Este beneficio neto se define como la diferencia entre los beneficios y los posibles daños derivados de la intervención, siempre en el contexto de la atención primaria dirigida a la población general.

El sistema del USPSTF clasifica la fuerza de las recomendaciones teniendo en cuenta dos factores clave:

- **La calidad de la evidencia disponible**, basada en el diseño, la validez y la consistencia de los estudios incluidos.
- **La magnitud del beneficio neto**, es decir, la relación entre los efectos positivos y los potenciales perjuicios de la intervención evaluada.

Este enfoque proporciona a los profesionales de la salud una herramienta práctica y confiable para orientar las decisiones clínicas en el ámbito preventivo, facilitando la implementación de intervenciones con mayor respaldo científico y reduciendo la aplicación de prácticas con beneficios inciertos o riesgos potenciales (tabla 6).

Tabla 6. Descripción de los niveles de evidencia para exámenes periódicos de salud (USPSTF)

Niveles de Certeza	Descripción
Alta	La evidencia disponible incluye resultados consistentes de estudios bien diseñados y bien conducidos en poblaciones representativas de atención primaria. Estos estudios evalúan los efectos del servicio de prevención en la salud. Esta conclusión es poco probable que sea fuertemente afectada por los resultados de futuros estudios.
Moderada	La evidencia disponible no es suficiente para determinar los efectos de la acción preventiva, pero la confianza en la estimación se ve limitada por factores tales como: – Número, tamaño o calidad de los estudios individuales. – Inconsistencia de los resultados entre los estudios individuales. – Generalización limitada de los resultados en la práctica habitual en atención primaria. – Falta de coherencia en la cadena de la evidencia existente. A medida que más información se encuentre disponible, la magnitud o la dirección del efecto observado puede cambiar, y este cambio puede ser lo suficientemente importante como para alterar la conclusión.
Baja	La evidencia disponible es insuficiente para evaluar los efectos sobre los resultados de salud, debido a: • Número o tamaño limitado de los estudios. • Defectos importantes en el diseño del estudio o en los métodos. • Inconsistencia de los resultados entre los estudios individuales. • Lagunas en la cadena de la evidencia existente. • Hallazgos no generalizables para la práctica habitual de la atención primaria. • Falta de información sobre los resultados importantes de salud. Más información puede permitir la estimación de los efectos sobre los resultados de salud.

Los grados de recomendación (A, B, C, D o I) en la tabla 7 se apoyan en grados de certeza, que se definen como la probabilidad de que el beneficio neto de un servicio preventivo, evaluado por la USPSTF, sea correcto.

Tabla 7. Grados de recomendación para exámenes periódicos de salud (USPSTF)

Recomendación	Interpretación	Sugerencias para la práctica
A	Se recomienda la acción preventiva. Existe alta certeza de que el beneficio neto es substancial.	Ofrecer o proporcionar este servicio.
B	Se recomienda la acción preventiva. Hay alta certeza de que el beneficio neto es moderado o existe moderada certeza de que el beneficio neto es moderado a substancial.	Ofrecer o proporcionar este servicio.
C	Se recomienda selectivamente el ofrecimiento o la prestación de este servicio a los pacientes individuales basándose en criterios profesionales y las preferencias del paciente. Hay por lo menos moderada certeza de que el beneficio neto es pequeño.	Ofrecer o proporcionar este servicio a los pacientes seleccionados en función de las circunstancias individuales.
D	No se recomienda la acción preventiva. Hay certeza moderada o alta de que el servicio no tendrá ningún beneficio neto o que los daños serán mayores que los beneficios.	Desalentar el uso de este servicio.
I	Se concluye que la evidencia actual es insuficiente para evaluar la relación entre los beneficios y los perjuicios de la acción preventiva. La evidencia es deficiente, de mala calidad o contradictoria y no se puede determinar la relación riesgo- beneficio.	Léase la sección de consideraciones clínicas de las recomendaciones de la USPSTF. Si el servicio se ofrece, los pacientes deben comprender la incertidumbre que existe sobre el equilibrio entre los beneficios y los daños.

El grado A sugiere recomendar la acción, ya que existe un alto grado de certeza de que el beneficio neto es sustancial; el extremo opuesto es el grado I, que sugiere que no hay suficiente evidencia para evaluar el beneficio neto de una acción y, por lo tanto, no se puede recomendar.

El USPSTF ha actualizado sus definiciones de las calificaciones que asigna a las recomendaciones y, tal como se puede apreciar en la tabla 3.2, ahora incluye una columna de sugerencias para la práctica asociadas con cada grado.

4. Centre for Evidence-Based Medicine de Oxford (CEBM)

El Centre for Evidence-Based Medicine (CEBM) de Oxford propone una metodología que se distingue por valorar la evidencia de acuerdo con el área temática específica o el escenario clínico particular, así como por el tipo de estudio que aborda el problema clínico en cuestión (CEBM, 2009). Esta propuesta se presenta como una alternativa complementaria a otras iniciativas internacionales, aportando un enfoque más especializado y contextualizado.

Una de las principales ventajas del sistema CEBM es que gradúa la evidencia seleccionando el diseño metodológico más apropiado para cada escenario clínico específico. Además, incorpora de manera sistemática las revisiones sistemáticas (RS) en los distintos ámbitos de evaluación, fortaleciendo la base de la evidencia utilizada.

Por ejemplo:

- En escenarios de pronóstico, la evidencia más robusta proviene de revisiones sistemáticas de estudios de cohortes con resultados homogéneos o, en su defecto, de estudios de cohortes individuales con un seguimiento superior al 80 % de la muestra.
- En escenarios relacionados con terapia o tratamiento, la evidencia de mayor calidad se obtiene a partir de revisiones sistemáticas de ensayos clínicos controlados (EC) o, en su ausencia, de ensayos clínicos individuales con intervalos de confianza estrechos.

Este enfoque permite asegurar que la evidencia considerada sea la más pertinente y aplicable a cada contexto clínico, gracias a su alto nivel de especialización y precisión. Además, la propuesta del CEBM hace explícito el impacto que tiene la falta de rigurosidad metodológica sobre la valoración de la evidencia. Las deficiencias en el diseño y en la ejecución de los estudios no solo disminuyen su nivel de evidencia, sino que también reducen la fuerza de las recomendaciones que de ellos se derivan.

4.1 Limitaciones Limitaciones y actualización del sistema del Centre for Evidence-Based Medicine de Oxford

A pesar de sus múltiples ventajas, el sistema propuesto por el Centre for Evidence-Based Medicine (CEBM) de Oxford presenta algunas limitaciones en su aplicación práctica cotidiana. Uno de los principales inconvenientes es que su estructura incluye terminología epidemiológica compleja y poco accesible, lo que dificulta su comprensión, especialmente para aquellos que se acercan por primera vez a este enfoque. La lectura puede resultar poco fluida debido a la presencia de múltiples aclaraciones y especificaciones técnicas, lo que puede generar frustración y desmotivación inicial. Además, en su intento por ser exhaustivo y cubrir todos los aspectos relevantes, el sistema pierde la simplicidad necesaria para facilitar su aplicación ágil y eficiente en escenarios clínicos reales.

Con el objetivo de mejorar estas limitaciones, en 2009 se realizó una revisión de la tabla original del CEBM, con la finalidad de simplificarla, permitiendo una búsqueda rápida, intuitiva y al mismo tiempo capaz de jerarquizar la evidencia con mayor precisión. En esta actualización, se incorporó un glosario con definiciones claras y comprensibles de los términos relevantes, facilitando su interpretación para un mayor número de profesionales. Asimismo, se consideró pertinente clasificar de forma independiente las pruebas de cribado o tamizaje y se enfatizó la importancia de las revisiones sistemáticas (RS) como fuente de evidencia prioritaria.

En la versión revisada, la estructura de la tabla permite distinguir las filas como los pasos secuenciales a seguir para encontrar la mejor evidencia disponible. La evidencia más sólida se encuentra en el extremo izquierdo de la tabla, mientras que la evidencia más débil se ubica hacia la derecha. Las columnas representan los distintos tipos de preguntas clínicas que pueden surgir, tales como:

- ¿Qué tan común es el problema?
- ¿Cuál es la precisión de la prueba diagnóstica?
- ¿Qué ocurriría si no se implementa el tratamiento?
- ¿La intervención propuesta beneficiará al paciente?
- ¿Cuál es la frecuencia de complicaciones?
- ¿Es útil realizar un tamizaje para la detección precoz?

El procedimiento recomendado consiste en identificar primero el tipo de pregunta clínica y luego determinar el diseño del estudio correspondiente en la fila adecuada, lo que permitirá asignar el nivel de evidencia (NE). Este enfoque facilita una valoración práctica y rápida de la evidencia científica; sin embargo, presenta una limitación importante: la ausencia de subcategorías que diferencien la calidad metodológica de los estudios incluidos en cada nivel. Por ejemplo, una revisión sistemática (RS) podría asignarse como NE 1, pero si un ensayo clínico controlado (EC) de alta calidad metodológica presenta resultados contradictorios respecto a la RS, surge la duda de cuál evidencia debería prevalecer.

4.2. Tabla de niveles de evidencia del CEBM (2009)

Este escenario pone de manifiesto que no siempre el diseño del estudio por sí solo garantiza la fiabilidad de la recomendación, ya que pueden existir revisiones sistemáticas con limitaciones metodológicas que afectan su validez. En tales casos, las subcategorías de calidad habrían sido útiles para proporcionar una evaluación más matizada; sin embargo, su incorporación complicaría la estructura y comprometería la sencillez de la herramienta (tabla 8).

Por esta razón, el CEBM recomienda interpretar los niveles de evidencia con sentido crítico y buen juicio clínico. Es fundamental realizar una búsqueda exhaustiva y sistemática de la literatura científica, seleccionar los estudios más relevantes y someterlos a un análisis crítico riguroso antes de aplicar la evidencia a la práctica clínica.

Aunque el CEBM actualizó su propuesta en 2009, es importante señalar que la versión anterior sigue siendo ampliamente utilizada por numerosos grupos de investigación que continúan encontrando en ella una evolución práctica respecto a la clasificación original de Sackett[27].

Tabla 8. Niveles de evidencia del CEBM (2011)

Pregunta	Paso 1 (Nivel 1°)	Paso 2 (Nivel 2°)	Paso 3 (Nivel 3°)	Paso 4 (Nivel 4°)	Paso 5 (Nivel 5°)
¿Qué tan común es el problema?	Encuestas locales y estudios aleatorizados de la muestra de pacientes.	RS de encuestas conducidas en circunstancias locales.	Muestra local no aleatoria.	Serie de casos.	N/A
¿Es preciso el test de monitoreo o test diagnóstico? (diagnóstico)	RS de estudios transversales con estándar de referencia ciego e independiente o enmascaramiento.	Estudios individuales de corte transversal con comparación con estándar de referencia ciego e independiente.	Estudios no consecutivos, estudios sin un estándar de referencia claro o con uno inconsistente.	Estudios de casos con estándar de referencia pobre o no independiente.	Mecanismos basados en el razonamiento.
¿Qué pasaría si no se agrega una terapia? (pronóstico)	RS de estudios de cohorte con seguimiento adecuado.	Estudios de cohorte o estudios controlados con seguimiento inadecuado.	Estudios de cohorte o de brazo control de un EC con AA*.	Serie de casos o estudios de cohortes retrospectivos con datos de pobre calidad.	N/A
¿Esta intervención ayuda? (beneficios del tratamiento)	RS de EC con AA o ensayos n=1.	RS de EC con AA o estudios observacionales con efecto dramático.	Estudios de cohorte con seguimiento adecuado (con o sin ajuste estadístico).	Serie de casos-control o estudios históricos controlados.	Mecanismos basados en el razonamiento.
¿Cuáles son los daños comunes? (efectos nocivos del tratamiento)	RS de EC con AA, RS de estudios de casos y controles o estudios de cohortes con seguimiento adecuado.	Estudios observacionales con gran efecto o excepcionalmente estudios con asignación no aleatoria.	Estudios de cohorte o control con seguimiento adecuado.	Serie de casos-control o estudios históricos controlados.	Mecanismos basados en el razonamiento.
¿Cuáles son los daños raros? (efectos nocivos del tratamiento)	RS de EC con AA o ensayo n=1.	EC con AA o estudios observacionales con efecto dramático.	Estudios de cohortes con seguimiento suficiente.	Serie de casos, estudios de casos y controles o estudios históricos controlados.	Mecanismos basados en el razonamiento.
¿Se vale esta prueba para detección temprana? (tamizaje)	RS de EC con AA.	EC con AA.	Estudios de cohortes con seguimiento adecuado.	Serie de casos, estudios de cohorte retrospectivos o históricos controlados.	Mecanismos basados en el razonamiento.

*El NE se podrá clasificar hacia abajo en base a la calidad del estudio, de las imprecisiones, del carácter indirecto de la evidencia, debido a la inconsistencia entre los estu-dios, o porque el tamaño del efecto absoluto es muy pequeño, y el nivel se podrán clasificar hacia arriba si hay un tamaño de efecto grande o muy grande. AA: Asignación aleatoria.

5. El sistema GRADE: estandarización y avances en la clasificación de la evidencia

El desarrollo de múltiples sistemas de clasificación de la evidencia, con sus respectivas variaciones y limitaciones, impulsó la creación del grupo de trabajo GRADE (Grading of Recommendations Assessment, Development and Evaluation). Este grupo se constituyó sobre la base de la experiencia acumulada con herramientas metodológicas previas y tuvo como objetivo fundamental diseñar y validar un sistema de clasificación sencillo, coherente e integrador, capaz de abarcar los aspectos esenciales para la valoración de la evidencia[23,27].

El sistema GRADE se ha consolidado como un método ampliamente reconocido para clasificar la calidad de la evidencia científica y la fuerza de las recomendaciones clínicas. Su principal fortaleza radica en proporcionar un marco estructurado, transparente y explícito que favorece decisiones informadas y reproducibles. Según Canfield y Dahm (2012)[28], este sistema es considerado «más razonable, confiable y aplicable de manera universal» en comparación con otros enfoques previos.

A diferencia de sistemas anteriores, GRADE no centra su evaluación en la calidad de estudios individuales, sino que asigna un nivel de certeza global a la evidencia que respalda un resultado específico, tomando en cuenta el conjunto de estudios primarios disponibles. Este enfoque permite una síntesis más robusta y matizada de la evidencia científica.

Además, el sistema enfatiza que la fuerza de una recomendación no depende exclusivamente de la calidad de la evidencia, sino que debe considerar de manera integral otros factores clave, como:

- El balance entre beneficios y riesgos.
- La aplicabilidad de la intervención en contextos clínicos particulares.
- La valoración de la situación basal de riesgo de la población objetivo.

Estos elementos son evaluados de forma rigurosa en cada recomendación, lo que convierte a GRADE en una herramienta esencial para la elaboración de guías de práctica clínica de alta calidad (tabla 9).

Tabla 9. GRADE modificado: grados de recomendación

Grado de recomendación (descripción)	Beneficio vs. riesgo y cargas	Calidad metodológica que apoya la evidencia	Implicaciones
1A Recomendación fuerte, evidencia de alta calidad	Los beneficios superan claramente los riesgos y cargas o viceversa	Ensayo clínico sin importantes limitaciones o evidencia abrumadora de estudios observacionales	Recomendación fuerte, puede aplicarse a la mayoría de los pacientes en la mayoría de circunstancias sin reserva
1B Recomendación fuerte, evidencia de moderada calidad	Los beneficios superan claramente los riesgos y cargas o viceversa	Ensayo clínico con importantes limitaciones (resultados inconsistentes, defectos metodológicos, indirectos o imprecisos) o pruebas excepcionalmente fuertes a partir de estudios observacionales	Recomendación fuerte: puede aplicarse a la mayoría de los pacientes, en la mayoría de las circunstancias, sin reserva
1C Recomendación fuerte, evidencia de baja o muy baja calidad	Los beneficios superan claramente los riesgos y cargas o viceversa	Estudios observacionales o series de casos	Recomendación fuerte, pero puede cambiar cuando se disponga de más evidencia
2A Recomendación débil, evidencia de alta calidad	Beneficios estrechamente equilibrados con los riesgos y la carga	Ensayo clínico sin importantes limitaciones o evidencia abrumadora de estudios observacionales	Recomendación débil, la mejor acción puede variar dependiendo de las circunstancias de los pacientes o de los valores de la sociedad
2B Recomendación débil, evidencia de moderada calidad	Beneficios estrechamente equilibrados con los riesgos y la carga	Ensayo clínico con importantes limitaciones (resultados inconsistentes, defectos metodológicos, indirectos o imprecisos) o pruebas excepcionalmente fuertes a partir de estudios observacionales	Recomendación débil, la mejor acción puede variar dependiendo de las circunstancias de los pacientes o de los valores de la sociedad
2C Recomendación débil, evidencia de baja o muy baja calidad	Incertidumbre en las estimaciones de beneficios riesgos y cargas; los beneficios, riesgo y la carga pueden estar estrechamente equilibrados	Estudios observacionales o series de casos	Recomendaciones muy débiles, otras alternativas pueden ser igualmente razonables

5.1. Síntesis de evidencia y ventajas del sistema GRADE

Una de las contribuciones más relevantes del sistema GRADE es la elaboración de tablas de síntesis estructuradas y sistemáticas, diseñadas para evaluar la calidad de la evidencia según el tipo de diseño de los estudios incluidos. Este proceso permite generar perfiles de evidencia y resúmenes claros de los hallazgos disponibles, facilitando la interpretación de la información para la toma de decisiones clínicas[29] (Guyatt *et al.*, 2011).

A diferencia de otros sistemas de clasificación, GRADE presenta ventajas sustanciales, entre ellas, el uso de definiciones explícitas y juicios secuenciales bien establecidos durante todo el proceso de evaluación. Este enfoque proporciona criterios detallados para valorar:

- La calidad de la evidencia por tipo de resultado.
- La solidez general de la evidencia para cada intervención.
- La importancia relativa de los beneficios, riesgos, costos y otros factores relevantes.

Este análisis integral permite sopesar de forma estructurada el balance entre los beneficios en salud y los posibles perjuicios o costes asociados a las intervenciones, contribuyendo así a la elaboración de perfiles de evidencia y resúmenes de resultados que son útiles y comprensibles para clínicos, investigadores y responsables de políticas sanitarias[30].

El sistema GRADE es reconocido por su exhaustividad y rigurosidad metodológica, ya que requiere realizar una cuidadosa extracción de datos y un análisis crítico detallado de cada estudio incluido en la revisión. Este proceso se apoya en un software de acceso libre, aunque su aplicación puede demandar una inversión considerable de tiempo debido a la profundidad del análisis que exige.

Por su solidez metodológica y su aplicabilidad práctica, GRADE ha sido adoptado por numerosas instituciones internacionales y nacionales de salud de diferentes países, y se ha convertido en uno de los estándares más utilizados para evaluar la calidad de la evidencia, formular recomendaciones clínicas y desarrollar guías de práctica clínica basadas en la mejor evidencia disponible.

6. Scottish Intercollegiate Guidelines Network (SIGN)

El Scottish Intercollegiate Guidelines Network (SIGN) fue desarrollado por el Servicio Nacional de Salud (NHS) de Escocia con el propósito de proporcionar recomendaciones basadas en la mejor evidencia disponible, mediante una metodología explícita y sistematizada. Esta red de elaboración de guías clínicas se apoya en tres principios fundamentales[21]:

a. Identificar y evaluar críticamente la evidencia científica existente, con el objetivo de facilitar y acelerar la traducción del nuevo conocimiento a la práctica clínica.
b. Reducir la variabilidad clínica entre los profesionales y las instituciones, promoviendo prácticas homogéneas y basadas en evidencia.
c. Mejorar los resultados clínicos relevantes para los pacientes, enfocándose en intervenciones que demuestren impacto positivo en la salud.

En sus inicios, SIGN adoptó los niveles de evidencia propuestos por la American Healthcare Policy and Research (AHCPR) de los Estados Unidos. Sin embargo, las limitaciones metodológicas detectadas en ese sistema motivaron la creación de una nueva clasificación propia, la cual ha sido utilizada desde el año 2000[31]. Esta actualización permitió a SIGN ajustar la jerarquía de la evidencia y los grados de recomendación a las necesidades específicas del contexto clínico escocés, asegurando mayor claridad y aplicabilidad (tabla 10).

El sistema SIGN actual continúa siendo uno de los marcos de referencia más utilizados para el desarrollo de guías de práctica clínica de alta calidad, y su influencia se ha extendido a nivel internacional como modelo de elaboración rigurosa y transparente de recomendaciones clínicas.

Tabla 10. Niveles de evidencia (SIGN)

Nivel de evidencia	Tipo de estudio
1++	Metanálisis de gran calidad, revisiones sistemáticas de ensayos clínicos aleatorizados o ensayos clínicos aleatorizados con muy bajo riesgo de sesgos.
1+	Metanálisis bien realizados, revisiones sistemáticas de ensayos clínicos aleatorizados o ensayos clínicos aleatorizados con bajo riesgo de sesgos.
1-	Metanálisis, revisiones sistemáticas de ensayos clínicos aleatorizados o ensayos clínicos aleatorizados con alto riesgo de sesgos.
2++	Revisiones sistemáticas de alta calidad de estudios de cohortes o de casos-controles o estudios de cohortes o de casos-controles de alta calidad con muy bajo riesgo de confusión, sesgos o azar y una alta probabilidad de que la relación sea causal.
2+	Estudios de cohortes o de casos-controles bien realizados con bajo riesgo de confusión, sesgos o azar y una moderada probabilidad de que la relación sea causal.
2-	Estudios de cohortes o de casos-controles con alto riesgo de confusión, sesgos o azar y una significante probabilidad de que la relación no sea causal.
3	Estudios no analíticos (observaciones clínicas y series de casos).
4	Opiniones de expertos.

6.1. Enfoque metodológico del SIGN

La propuesta desarrollada por el Scottish Intercollegiate Guidelines Network (SIGN) se originó con un enfoque prioritario en la evaluación de tratamientos y procedimientos terapéuticos, buscando optimizar las decisiones clínicas en estos ámbitos. A diferencia de otras clasificaciones previas, el sistema SIGN se caracteriza por otorgar un énfasis particular al análisis cuantitativo derivado de las revisiones sistemáticas, reconociendo su valor como fuente de síntesis rigurosa y objetiva de la evidencia disponible.

Un aspecto distintivo del enfoque SIGN es su firme compromiso con la reducción del error sistemático (sesgo). La metodología propone estrategias específicas para minimizar las distorsiones en la interpretación de los resultados, fortaleciendo así la confiabilidad de las recomendaciones generadas. Este componente diferencial consolida al SIGN como una herramienta metodológica robusta que prioriza tanto la calidad de la evidencia como la consistencia en su aplicación clínica (tabla 11).

Tabla 11. Grados de recomendación (SIGN)

Grado de recomendación	Nivel de evidencia
A	Al menos un metanálisis, revisión sistemática o ensayo clínico aleatorizado calificado como 1++ y directamente aplicable a la población objeto, o una revisión sistemática de ensayos clínicos aleatorizados o un cuerpo de evidencia consistente principalmente en estudios calificados como 1+ directamente aplicables a la población objeto y que demuestren globalmente consistencia de los resultados.
B	Un cuerpo de evidencia que incluya estudios calificados como 2++ directamente aplicables a la población objeto y que demuestren globalmente consistencia de los resultados o extrapolación de estudios calificados como 1++ o 1+.
C	Un cuerpo de evidencia que incluya estudios calificados como 2+ directamente aplicables a la población objeto y que demuestren globalmente consistencia de los resultados, o extrapolación de estudios calificados como 2++.
D	Niveles de evidencia 3 o 4, o extrapolación de estudios calificados como 2+. Niveles de evidencia y grados de recomendación.

6.2. Relevancia y evolución del sistema SIGN

El sistema de clasificación propuesto por el Scottish Intercollegiate Guidelines Network (SIGN) otorga mayor peso a la calidad global de la evidencia que sustenta cada recomendación clínica, enfatizando que las decisiones no deben apoyarse en un solo estudio, sino en la evaluación integral de toda la evidencia disponible.

SIGN también reconoce que, por razones prácticas, éticas o metodológicas, no siempre es posible realizar ensayos clínicos aleatorizados para todas las intervenciones. Por este motivo, el sistema contempla la posibilidad de asignar mayor relevancia a las recomendaciones respaldadas por estudios observacionales de alta calidad, cuando estos aportan evidencia sólida y coherente.

En una evolución metodológica significativa, en 2009 SIGN adoptó formalmente el enfoque GRADE como directriz para la elaboración de sus guías de práctica clínica, reconociendo sus ventajas en cuanto a transparencia, estructuración y claridad en la formulación de recomendaciones. Desde entonces, SIGN ha estado integrando progresivamente la metodología GRADE en sus procesos, consolidando así un sistema más robusto, sistemático y alineado con los estándares internacionales de evaluación de la evidencia (SIGN, 2011).

7. National Institute for Health and Clinical Excellence (NICE)

El National Institute for Health and Clinical Excellence (NICE)[32], surgido como una iniciativa del National Health Service (NHS) del Reino Unido, constituye una de las organizaciones líderes en la valoración y síntesis de la evidencia científica aplicada a la práctica clínica. Su enfoque integra diversas áreas clínicas, incluyendo tratamiento, diagnóstico, pronóstico, estudios de costo-efectividad y, de manera innovadora, incorpora la experiencia del paciente como fuente de información relevante para responder preguntas de revisión y para la elaboración de guías clínicas basadas en evidencia.

Desde el año 2009, NICE ha adoptado la metodología GRADE para evaluar la calidad de la evidencia relacionada con terapias y procedimientos terapéuticos (tablas 12 y 13). Sin embargo, este organismo se diferencia del enfoque GRADE en dos aspectos fundamentales:

1. NICE incluye una evaluación rigurosa de los estudios de costo-efectividad, aspecto que no forma parte del modelo GRADE tradicional.
2. NICE no utiliza etiquetas como «resumen global» de la calidad de la evidencia ni asigna grados explícitos de la fuerza de la recomendación. En cambio, la fuerza de sus recomendaciones se refleja directamente en la redacción de las guías, lo que permite transmitir con mayor claridad la aplicabilidad y contundencia de cada propuesta.

Tabla 12. Niveles de evidencia para estudios de pruebas diagnósticas. Propuesta de NICE

Nivel de evidencia	Interpretación
IA	RS con homogeneidad* de estudios de nivel 1†
IB	Estudios de nivel 1†
II	Estudios de nivel 2 RS de estudios de nivel 2
III	Estudios de nivel 35 RS de estudios de nivel 3
IV	Consenso, informes de comités de expertos u opiniones y/o experiencia clínica sin valoración crítica explícita; o en base a la psicología, difusión de la investigación o «principios básicos»

*Homogeneidad significa que no hay variaciones o estas son pequeñas en la dirección y grado de los resultados entre los estudios individuales que incluye la RS. 'Estudios de nivel 1 son aquellos que utilizan una comparación enmascarada de la prueba con un estándar de referencia validado, en una muestra de pacientes que refleja a la población a quien se aplicaría la prueba. "Estudios nivel 2 son aquellos que presentan una sola de esta característi-cas: población reducida (la muestra no refleja las características de la población a la que se le va a aplicar la prueba; utilizan un estándar de referencia pobre (definido como aquel donde la 'prueba' es incluida en la 'referencia', o aquel en que las 'pruebas' afectan a la 'referencia'; la comparación entre la prueba y la referencia no está enmascarada; o estudios de casos y controles. Estudios de nivel 3 son aquellos que presentan al menos dos o tres de las caracte-rísticas señaladas anteriormente.

Tabla 13. Grados de recomendación para estudios de pruebas diagnósticas. Propuesta de NICE

Grados de Recomendación	Interpretación
A	Estudios de pruebas diagnósticas con un nivel de evidencia la o Ib.
B	Estudios de pruebas diagnósticas con un nivel de evidencia II
C	Estudios de pruebas diagnósticas con un nivel de evidencia III.
D	Estudios de pruebas diagnósticas con un nivel de evidencia I.

Para la evaluación de la calidad de la evidencia en estudios de diagnóstico, NICE utiliza la herramienta QUADAS-2 (*Quality Assessment of Diagnostic Accuracy Studies*), ampliamente reconocida por su enfoque estructurado y su capacidad para identificar sesgos en estudios de precisión diagnóstica. En cuanto a los estudios de pronóstico, NICE aplica listas de verificación específicas (*checklists ad hoc*) desarrolladas para valorar la calidad metodológica y la validez de estos estudios.

En el ámbito de la elaboración de guías clínicas, NICE emplea el instrumento AGREE II (*Appraisal of Guidelines for Research & Evaluation II*), considerado el estándar internacional para la evaluación de la calidad y la transparencia en el desarrollo de guías de práctica clínica.

Además, NICE proporciona resúmenes claros de la calidad de la evidencia encontrada tras realizar evaluaciones sistemáticas con las herramientas mencionadas, lo que facilita la interpretación y aplicación de la información para profesionales de la salud y tomadores de decisiones. Este enfoque integral, que combina la rigurosidad metodológica con la consideración de aspectos económicos y la experiencia del paciente, ha posicionado a NICE como una referencia internacional en la elaboración de guías clínicas basadas en la mejor evidencia disponible.

8. National Health and Medical Research Council (NHMRC)

El National Health and Medical Research Council (NHMRC) es un sistema de jerarquización de la evidencia desarrollado con el objetivo de evaluar la calidad de la evidencia científica en la elaboración de guías de práctica clínica y en la evaluación de tecnologías sanitarias. Este sistema ha sido ampliamente utilizado en Australia desde 1999 (tabla 14).

La versión actual de la clasificación, que toma como base la estructura jerárquica propuesta por el Centre for Evidence-Based Medicine (CEBM), ha sido ampliada y reestructurada en comparación con la versión inicial. A diferencia de otros modelos, esta propuesta reconoce que, en muchas ocasiones, la evidencia disponible no es susceptible de ser sometida a metaanálisis, por lo que la valoración se centra principalmente en el análisis de los estudios individuales.

El esquema del NHMRC se presenta en una tabla que incluye cinco columnas correspondientes a las principales áreas de investigación clínica:

- Intervención
- Precisión diagnóstica
- Pronóstico
- Etiología
- Tamizaje

En la columna de la izquierda se ubican los niveles de evidencia asignados a cada tipo de estudio. Este sistema sugiere que, al valorar la evidencia, es importante especificar claramente el área de investigación correspondiente, ya que el nivel de evidencia puede variar según el enfoque clínico.

Si bien la tabla del NHMRC es considerada una herramienta exhaustiva y metodológicamente completa, presenta limitaciones para su uso cotidiano debido a su nivel de complejidad. Para facilitar su aplicación práctica, el sistema incluye un glosario y un formulario estructurado que permite registrar de forma ordenada cada paso del proceso de valoración hasta llegar a la formulación de la recomendación final[33].

Este modelo continúa siendo una referencia importante en Australia y ha contribuido significativamente al desarrollo de metodologías rigurosas para la evaluación de la evidencia en salud.

Tabla 14. Niveles de evidencia según NHMRC

Nivel	Intervención	Precisión diagnóstica	Pronóstico	Etiología	Tamizaje
I	RS estudios de nivel II	RS estudios de nivel II	RS estudios de nivel II	RS estudios de nivel II	RS estudios de nivel II
II	EC controlado, con AA	Estudios de precisión de PD con una comparación enmascarada e independiente con un estándar de referencia válido, entre sujetos no consecutivos con una presentación clínica definida	Estudios de cohortes prospectivas	Estudios de cohortes prospectivas	EC controlado con AA
III-1	EC pseudoaleatorizado controlado (ej. Asignación alternada o algún otro método)	Estudios de precisión de PD con una comparación enmascarada e independiente con un estándar de referencia válido, entre sujetos no consecutivos con una presentación clínica definida	Todo o ninguno	Todo o ninguno	EC pseudoaleatorizado controlado (ej. Asignación alternada o algún otro método)
III-2	Estudios comparativos con controles concurrentes: EC experimental sin AA Estudios de cohortes Estudios de casos y controles Series temporales interrumpidas con un grupo control	Comparación con un estándar de referencia que no cumple con el criterio para un-NE II y III-1	Análisis de los factores pronósticos entre los sujetos de un solo brazo de un-EC controlado con AA	Estudios de cohortes retrospectivas	Estudios comparativos con controles concurrentes: EC experimental sin AA Estudios de cohortes Estudios de casos y controles
III-3	Estudios comparativos s/controles concurrentes: Estudios con controles históricos EC dos o más de un solo brazo Series temporales interrumpidas sin grupo control paralelo	Estudios de casos y controles de diagnósticos	Estudios de cohortes retrospectivas	Estudios de casos y controles	Estudios comparativos sin controles concurrentes: Estudios con controles históricos EC Dos o más estudios de un solo brazo
IV	Series de casos, ya sea con resultados postest o pretest/postexts	Estudios de rendimiento diagnóstico sin estándar de referencia	Series de casos o estudios de cohortes de sujetos en diferentes etapas de la enfermedad	Estudios de corte transversal o serie de casos	Serie de casos
AA: asignación aleatoria.					
PD: prueba diagnóstica.					

9. Practicing Chiropractors' Committee on Radiology Protocols (PCCRP)

El Practicing Chiropractors' Committee on Radiology Protocols (PCCRP) es una organización que desarrolla guías clínicas específicamente orientadas a la práctica quiropráctica, con especial atención en el uso adecuado de protocolos radiológicos. Para la elaboración de sus guías, el PCCRP adopta una clasificación de niveles de evidencia (NE) adaptada del sistema utilizado por el United States Department of Health and Human Services (tabla 15), distinguiéndose por no limitarse exclusivamente a los ensayos clínicos (EC), sino por incorporar de manera inclusiva diversos tipos de estudios que puedan aportar evidencia relevante para la práctica clínica (PCCRP, 2009).

El enfoque del PCCRP se caracteriza por su flexibilidad y por valorar diversos tipos de estudios, reconociendo que, en ciertas áreas de la quiropráctica y la radiología, la evidencia disponible puede provenir de fuentes no tradicionales que, aunque metodológicamente limitadas, pueden ofrecer orientaciones relevantes para la práctica. Este modelo de clasificación ha sido especialmente diseñado para abordar las necesidades específicas de los profesionales quiroprácticos, promoviendo un uso racional y basado en evidencia de las tecnologías de diagnóstico por imágenes en este campo.

Adicionalmente, el comité emplea una adaptación del sistema de grados de recomendación (GR) desarrollado por Phillips *et al.* (2001), realizando ajustes que permiten integrar evidencia proveniente de estudios no clínicos, con el propósito de ampliar la aplicabilidad del modelo al ámbito radiológico y quiropráctico.

Tabla 15. Grados de recomendación PCCRP

Tipo de estudios	Grados A-D	Grados A-D
Nivel clinico I	A= Estudios nivel I consistentes ó RS ó meta análisis.	
Nivel clinico II	B= Estudios nivel II consistentes ó un sólo estudio nivel I.	
Nivel clínico III	B= Estudios nivel III consistentes.	
Nivel clínico IV	C= Estudios nivel IV consistentes ó extrapolaciones de nivel II o III.	
Opinión de experto V	D= Evidencia nivel V ó estudios inconsistentes de nivel I-IV.	
Estudio poblacional		A = Estudios clase I consistentes B = Un solo estudio clase I o estudios consistentes clase II y III C = Estudios consistentes clase IV D = Evidencia no concluyente
Ciencias básicas, biomecánicos, estudios de validez. Encuestas profesionales		A = Estudios consistentes. B = Un solo estudio positivo D = Estudios no concluyente
Estudios de confiabilidad		A = Estudios clase I consistentes B = Un solo estudio clase I o estudios consistentes clases II C = Un solo estudio clase II D = Evidencia no concluyente

El sistema del PCCRP clasifica la evidencia en cinco niveles, organizados según el rigor metodológico y el potencial para minimizar sesgos:

- **Nivel I:** ensayos clínicos controlados con asignación aleatoria (ECA), que representan la máxima calidad metodológica por su capacidad de control y aleatorización, incluyendo estudios cuasialeatorizados y aquellos con asignación alternada.
- **Nivel II:** ensayos clínicos sin asignación aleatoria. Corresponde a estudios prospectivos previamente planificados, con criterios de elegibilidad claros y medidas de resultado predefinidas, pero sin un proceso de aleatorización, lo que incrementa el riesgo de sesgo.
- **Nivel III:** estudios observacionales con grupo control. Incluye estudios de cohortes, tanto prospectivos como retrospectivos, estudios de casos y

controles, y estudios de servicios de salud que ajustan los resultados por posibles variables de confusión.

- **Nivel IV:** estudios observacionales sin grupo control. Aquí se agrupan estudios de cohortes no controlados y series de casos, los cuales proporcionan evidencia preliminar de menor solidez metodológica.
- **Nivel V:** opiniones de expertos y evidencia basada en consensos o fundamentos teóricos, considerada como la categoría de menor nivel debido a la ausencia de datos empíricos directos.

Este sistema proporciona una herramienta útil para los profesionales quiroprácticos al permitir la incorporación de diferentes tipos de evidencia, reconociendo que, en la práctica radiológica y quiropráctica, no siempre se dispone de estudios aleatorizados. Además, favorece la evaluación crítica de la literatura y promueve la aplicación prudente de los resultados en la práctica clínica diaria, priorizando la mejor evidencia disponible dentro del contexto específico de la quiropráctica.

10. American Diabetes Association (ADA)

La American Diabetes Association (ADA) ha desempeñado un rol clave en la elaboración y difusión de normas de atención, directrices y documentos científicos vinculados a la diabetes mellitus. Como parte de este esfuerzo, la ADA ha desarrollado un sistema de clasificación de niveles de evidencia (NE) que respalda sus recomendaciones clínicas y permite calificar la solidez de la evidencia científica disponible (ADA, 2024).

Este sistema clasifica la evidencia de manera simple y accesible mediante categorías alfabéticas que van de la A la E. Cada nivel de evidencia se asocia directamente a un grado de recomendación (GR), lo que facilita su interpretación y aplicación clínica. Por ejemplo, un NE A corresponde a un GR A, lo que implica alta calidad y fortaleza en la recomendación.

- **Niveles A-D:** se fundamentan en evidencia derivada de estudios clínicos, incluyendo ensayos controlados y estudios observacionales.
- **Nivel E:** representa situaciones donde no existe evidencia proveniente de ensayos clínicos, donde los ensayos pueden no ser factibles o éticos, o donde la evidencia disponible es contradictoria. En estos casos, las recomendaciones se basan en la experiencia clínica consensuada de expertos.

Este enfoque proporciona un modelo práctico para la rápida valoración de la evidencia y ha sido ampliamente aceptado por la comunidad clínica que aborda el manejo de la diabetes.

11. American College of Cardiology Foundation/American Heart Association Task Force on Practice Guidelines (ACCF/AHA)

El American College of Cardiology Foundation (ACCF) y la American Heart Association (AHA) Task Force son los organismos responsables de la formulación, actualización y revisión de las guías de práctica clínica para enfermedades cardiovasculares y procedimientos asociados. Estas directrices son elaboradas con base en metodologías rigurosas de evaluación de la evidencia diseñadas por el propio Task Force (ACCF/AHA, 2024).

Uno de los aportes más significativos de este sistema es la introducción de la Clase de la Recomendación (COR), que estima el beneficio clínico neto de una intervención considerando el balance entre riesgos y beneficios, la calidad de la evidencia disponible y el consenso de los expertos.

- **Clase I:** el tratamiento o procedimiento es beneficioso y efectivo.
- **Clase IIa:** la evidencia es favorable; es razonable aplicar la intervención.
- **Clase IIb:** la evidencia es menos sólida; la intervención puede ser considerada.
- **Clase III:** la intervención no es beneficiosa o puede ser perjudicial.

Una innovación relevante es la subdivisión de la Clase III, que permite distinguir entre recomendaciones sin beneficio y aquellas que pueden causar daño al paciente.

El sistema también clasifica la calidad de la evidencia (NE) en tres niveles:

- **Nivel A:** datos derivados de múltiples ensayos clínicos o metanálisis.
- **Nivel B:** datos provenientes de un único ensayo clínico o grandes estudios no aleatorizados.
- **Nivel C:** opinión de expertos, estudios de caso o estándares de práctica reconocidos.

Este enfoque permite combinaciones flexibles entre la clase de recomendación y el nivel de evidencia. Por ejemplo, una recomendación Clase I puede basarse en evidencia de Nivel C si la importancia clínica justifica su inclusión, aunque la evidencia de alta calidad sea limitada. Asimismo, una recomendación Clase IIa puede sustentarse en estudios controlados con resultados heterogéneos, lo que refleja la complejidad de la toma de decisiones clínicas en ausencia de evidencia concluyente.

El ACCF/AHA enfatiza que la clasificación de un NE B o C no debe interpretarse como una recomendación débil, sino como una respuesta a preguntas clínicas relevantes que aún no han sido resueltas por estudios aleatorizados, pero que tienen un impacto significativo en la práctica clínica. Este enfoque promueve la incorporación prudente de la mejor evidencia disponible, incluso cuando proviene de niveles inferiores, siempre que sea analizada críticamente y aplicada con buen juicio.

12. Agencia de Evaluación de Tecnología Médica (AATM)

En el contexto nacional, es relevante destacar la propuesta de gradación desarrollada por la Agència d'Avaluació de Tecnologia Mèdica (AATM) de la Generalitat de Catalunya[3] (Manterola, 2009). Esta clasificación no solo considera el diseño de los estudios, sino que además incorpora una evaluación específica de la calidad metodológica de cada uno de ellos.

Este enfoque representa una clara evidencia de la creciente expansión y consolidación de las prácticas de evaluación crítica de la evidencia científica, lo que refuerza la necesidad de sistematizar los procesos de búsqueda y síntesis de la evidencia, como lo planteó originalmente Cochrane en 1972.

El modelo propuesto por la AATM enfatiza que, además de los aspectos metodológicos y poblacionales, se deben integrar factores contextuales, como las condiciones culturales, económicas, tecnológicas y ambientales propias de cada realidad asistencial. Esto subraya la importancia de valorar la validez y fiabilidad de la evidencia desde una perspectiva adaptada, entendiendo que, aunque ciertos resultados funcionen en otras regiones o poblaciones, siempre deben ser evaluados en el contexto local antes de ser implementados (tabla 16).

Tabla 16. Niveles de calidad de la evidencia científica (AATM)

Nivel	Fuerza de la evidencia	Tipo de diseño	Condiciones de rigurosidad científica
I	Adecuada	Metanálisis de ECA	Análisis de datos individuales de los pacientes No heterogeneidad Diferentes técnicas de análisis Metarregresión Metanálisis Calidad de los estudios
II	Adecuada	ECA de muestra grande	Evaluación del poder estadístico Multicéntrico Calidad del estudio
III	Buena a regular	ECA de muestra pequeña	Evaluación del poder estadístico Calidad del estudio
IV	Buena a regular	Ensayo prospectivo controlado no aleatorizado	Controles coincidentes en el tiempo Multicéntrico Calidad del estudio
V	Regular	Ensayo retrospectivo controlado no aleatorizado	Controles históricos Calidad del estudio
VI	Regular	Estudios de cohort	Multicéntrico Apareamiento Calidad del estudio
VII	Regular	Estudios de casos y controles	Multicéntrico Calidad del estudio
VIII	Pobre	Series clínicas no controladas Estudios descriptivos: Vigilancia epidemiológica Encuestas Registros Bases de datos: Comités de expertos Conferencias de consenso	Multicéntrico
IX	Pobre	Anécdotas o casos únicos	
ECA: ensayo controlado aleatorizado.			

A lo largo de las últimas décadas, se han generado múltiples esquemas para la clasificación de la evidencia, desde las propuestas pioneras y simplificadas, como la formulada por Sackett en 1978, hasta sistemas mucho más elaborados y exhaustivos que buscan contemplar todas las variables posibles en la evaluación de la investigación clínica. Actualmente, se estima que existen cerca de un centenar de clasificaciones en uso.

A pesar de esta riqueza metodológica, algunos profesionales clínicos perciben esta diversidad como una barrera, generando incertidumbre sobre cuál sistema aplicar. Esta situación requiere ser abordada con urgencia, ya que en el futuro cercano es previsible que la totalidad de las decisiones sanitarias deban sustentarse en la mejor evidencia disponible. Otro desafío a superar es la complejidad del lenguaje especializado empleado en estas clasificaciones, que muchas veces resulta inaccesible para los profesionales no familiarizados con la terminología técnica, lo que ralentiza su adopción y aplicación práctica.

En la práctica clínica, es fundamental aplicar la mejor evidencia científica disponible para la resolución de problemas clínicos, ya que esto proporciona mayor solidez al juicio clínico, facilita la adecuada evaluación de riesgos y beneficios, y permite la elaboración de guías de práctica clínica, así como la correcta evaluación de tecnologías sanitarias. Por ello, es imprescindible conocer y comprender los diversos sistemas de clasificación de la evidencia, tanto los amplios y adaptables a múltiples escenarios clínicos (como los propuestos por el CEBM o el NHMRC) como los específicos para situaciones concretas (como los del CTFPHC o SIGN).

De especial relevancia es el sistema GRADE, que ha sido ampliamente adoptado por más de 90 instituciones nacionales e internacionales de prestigio para la evaluación de la calidad de la evidencia y la formulación de recomendaciones clínicas basadas en la evidencia (Guyatt *et al.*, 2008). La adecuada selección del sistema de clasificación dependerá de la naturaleza del problema clínico, del contexto asistencial y de las necesidades específicas de cada escenario, considerando que algunas clasificaciones son más adecuadas para ciertos tipos de estudios o ámbitos particulares.

La categorización de la evidencia científica cumple con el objetivo de servir como guía para decidir si aplicar o no una determinada intervención, tratamiento o procedimiento, a partir de la cual se pueda emitir una recomendación basada en la solidez de la evidencia que la respalda[4].

El reto para los profesionales es, por tanto, elegir la clasificación que mejor se adapte a sus necesidades y que permita discriminar con claridad entre los diferentes niveles de evidencia, con el objetivo de formular recomendaciones sólidas, contextualizadas y pertinentes para la realidad sanitaria y poblacional en la que se aplicarán.

12.1. Proceso metodológico para la práctica clínica basada en evidencia

El abordaje clínico basado en la evidencia requiere seguir un proceso estructurado y sistemático que garantice la toma de decisiones informadas y seguras para el paciente. Este proceso inicia con la formulación de una pregunta clínica estructurada utilizando el acrónimo PICO, que permite transformar el problema del paciente en una pregunta específica, clara y dirigida. Este acrónimo integra los siguientes elementos fundamentales:

- **P (Paciente o Problema):** características del paciente o condición clínica.
- **I (Intervención):** procedimiento, tratamiento o exposición de interés.
- **C (Comparación):** alternativa frente a la intervención (puede ser placebo, tratamiento estándar u otra intervención).
- **O (*Outcome*-resultado):** resultado clínico relevante que se busca medir o alcanzar.

Una vez estructurada la pregunta clínica, el siguiente paso es realizar una búsqueda exhaustiva de la mejor evidencia científica disponible, empleando bases de datos reconocidas como MEDLINE, EMBASE, Cochrane Library, PubMed, SCOPUS, entre otras, utilizando estrategias de búsqueda adaptadas y términos controlados para garantizar la recuperación de información relevante y de alta calidad.

Posteriormente, es esencial identificar el escenario clínico correspondiente, ya sea diagnóstico, tratamiento, pronóstico, prevención o evaluación económica, lo cual guiará la selección del diseño metodológico más adecuado para la resolución del problema clínico.

La evidencia recuperada debe ser sometida a una valoración crítica rigurosa, evaluando la calidad metodológica, la validez interna y externa, así como la aplicabilidad de los estudios. Para ello, se utilizan escalas de medición de la calidad de la evidencia, que permiten establecer el nivel de evidencia (NE) y el grado de recomendación (GR), asegurando así que las decisiones clínicas se basen en la mejor información disponible.

Finalmente, la evidencia seleccionada y evaluada debe ser aplicada en la práctica clínica a través de la implementación de guías de práctica clínica (GPC) actualizadas y validadas, lo que permitirá trasladar los hallazgos de la investigación científica al contexto asistencial, mejorando la calidad de la atención y los resultados en salud del paciente (figura 1. Flujo de cambios).

Figura 1. Flujo de aplicación

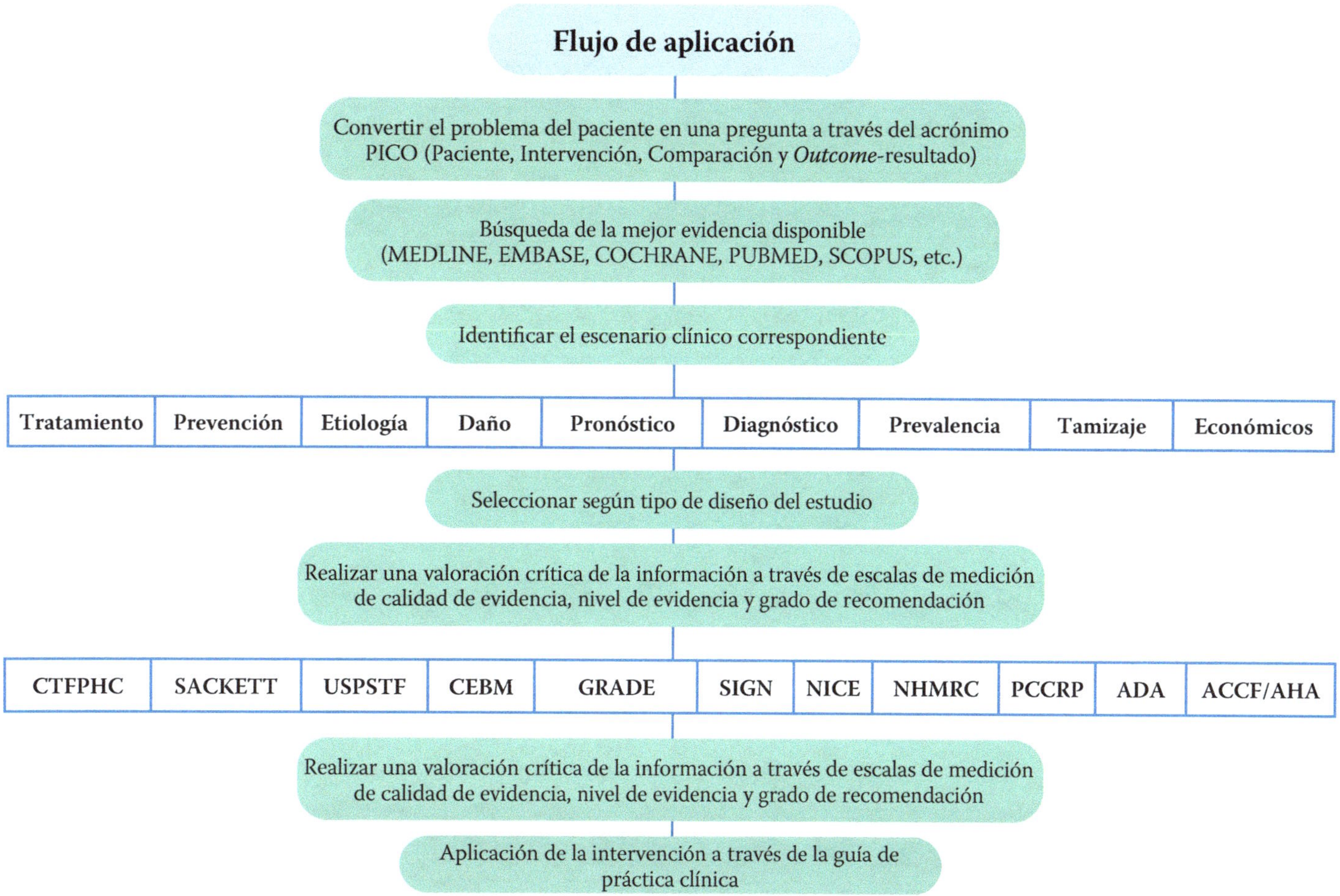

Fuente: elaboración propia.

Evolución del concepto de jerarquía de la evidencia y la pirámide

Las primeras aproximaciones y reflexiones sobre la aplicación de metodologías de búsqueda y evaluación de la evidencia comenzaron a consolidarse durante la década de 1990. Inicialmente, la atención se centró en la importancia del diseño de los estudios como criterio fundamental para valorar la calidad de la evidencia. Con el tiempo, este enfoque evolucionó hasta establecer uno de los principios básicos de la práctica clínica basada en la evidencia: la existencia de una jerarquía de pruebas científicas.

Desde esta perspectiva, los ensayos clínicos controlados aleatorizados (ECA) se posicionaron como el estándar de referencia, debido a que incorporan rigurosas salvaguardas metodológicas que minimizan el riesgo de sesgo, especialmente en comparación con los estudios observacionales. Este razonamiento dio origen a la conceptualización de una estructura jerárquica de la evidencia, representada comúnmente como una pirámide de evidencias.

La pirámide proporciona una representación gráfica intuitiva que ha sido ampliamente adoptada por los profesionales de la salud. Esta herramienta facilita la comprensión y enseñanza del valor relativo de los distintos tipos de estudios y es recurrentemente utilizada para interpretar la literatura científica, seleccionar pruebas clínicas y transmitir estos principios a estudiantes y colegas.

A lo largo del tiempo, diversas versiones de la pirámide de evidencias han sido propuestas. Sin embargo, todas comparten un principio básico: los estudios con menor nivel de evidencia y mayor riesgo de sesgo, como las series de casos y los estudios descriptivos, se ubican en la base de la pirámide; en niveles intermedios se encuentran los estudios de cohortes y los estudios de casos y controles; mientras que los ensayos clínicos aleatorizados ocupan posiciones superiores. Finalmente, en la cúspide de la pirámide se localizan las revisiones sistemáticas y los metanálisis, considerados el nivel más alto de evidencia científica por su capacidad de sintetizar y analizar críticamente múltiples estudios de alta calidad[34,36].

Este modelo jerárquico continúa siendo una herramienta esencial en la medicina basada en la evidencia, guiando la selección y aplicación de las mejores pruebas disponibles para la toma de decisiones clínicas informadas.

Evolución conceptual de la jerarquía de la evidencia: de la pirámide tradicional al enfoque GRADE y al enfoque SIGN

En muchos casos, la representación clásica de la jerarquía de la evidencia a través de la pirámide ha resultado ser una herramienta intuitiva y probablemente correcta. Este modelo proporciona una visualización clara del nivel de validez de los diferentes tipos de estudios, estructurados según su riesgo de sesgo. No obstante, con el tiempo, este enfoque ha sido objeto de revisiones y cuestionamientos.

A principios del siglo XXI, el Grading of Recommendations Assessment, Development and Evaluation (GRADE) Working Group propuso un marco más integral para evaluar la certeza de la evidencia. Este sistema no solo considera el diseño de los estudios, sino que también incorpora otros factores relevantes como la imprecisión, la inconsistencia, la falta de evidencia directa y el riesgo de sesgo, lo que desafió la estructura rígida de la pirámide tradicional[37,38].

En 2014, la *User's Guide to Systematic Reviews and Meta-Analysis* cuestionó la ubicación privilegiada de las revisiones sistemáticas y los metanálisis en la cúspide de la pirámide[38]. Este enfoque introdujo un proceso en dos etapas:

- La evaluación de la credibilidad y calidad metodológica del proceso seguido para la elaboración de la revisión sistemática.
- La evaluación de la certeza de la evidencia derivada de la revisión, basada en los criterios del enfoque GRADE[38].

Este replanteamiento conceptual también se reflejó en la evolución gráfica de la pirámide de la evidencia. En la pirámide inicial, los estudios se organizaban de manera jerárquica desde la base, donde se situaban los estudios con menor nivel de evidencia, hasta la cúspide, tradicionalmente ocupada por las revisiones sistemáticas y los metanálisis (Figura 1a).

Sin embargo, en la versión revisada:

- Se eliminaron las líneas rígidas que separaban los niveles de evidencia, siendo sustituidas por líneas onduladas que suben y bajan, reflejando la flexibilidad del enfoque GRADE, donde la certeza no depende exclusivamente del diseño del estudio[36] (Figura 1b).
- Las revisiones sistemáticas y los metanálisis fueron desplazados de la cúspide de la pirámide y reconceptualizados como una «lente de evaluación» a través de la cual se examinan y contextualizan otros estudios,

enfatizando su rol como herramientas de síntesis crítica más que como evidencias supremas.

En la actualidad, tanto en la enseñanza como en la práctica clínica basada en la evidencia, es posible comparar las pirámides originales con las versiones revisadas para explicar la transición hacia una comprensión más matizada y flexible de la certeza de la evidencia. Este enfoque moderno, promovido por el GRADE Working Group y desarrollado en las *User's Guides to Systematic Reviews*, ofrece una visión más precisa sobre la evaluación de la calidad y aplicabilidad de la evidencia científica[36].

Una parte esencial de las revisiones sistemáticas contemporáneas radica en el análisis crítico de los estudios incluidos, con especial atención al diseño, la calidad metodológica, el riesgo de sesgo y el grado de certeza que ofrecen sus resultados. Este enfoque permite una mejor aplicación de la evidencia en la toma de decisiones clínicas informadas y adaptadas a cada contexto.

Por otra parte, cabe destacar el aporte realizado en el estudio publicado en la *Revista de Cirugía Plástica y Reconstructiva*, en el cual se presenta una nueva propuesta didáctica de la pirámide de niveles de evidencia científica basada en la escala SIGN (Scottish Intercollegiate Guidelines Network)[39]. Esta representación gráfica busca facilitar la comprensión del proceso que vincula los niveles de evidencia científica con los grados de recomendación clínica, integrando criterios como el riesgo de sesgo y la calidad metodológica de los estudios incluidos. La propuesta está diseñada como una herramienta pedagógica útil en contextos clínicos y académicos, permitiendo una visualización clara y progresiva del sustento científico detrás de cada recomendación terapéutica (figura 2a-c).

Figura 2. Nueva propuesta de pirámide según SIGN.

(A) La pirámide tradicional

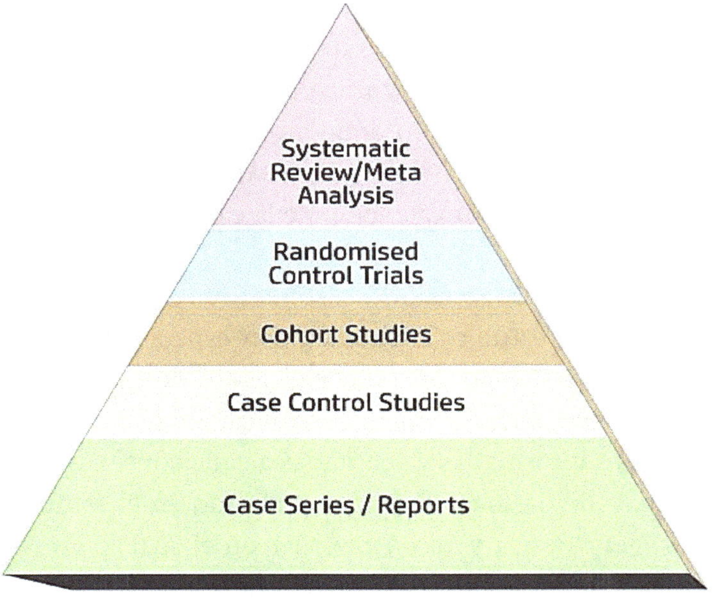

(B) Pirámide propuesta según GRADE

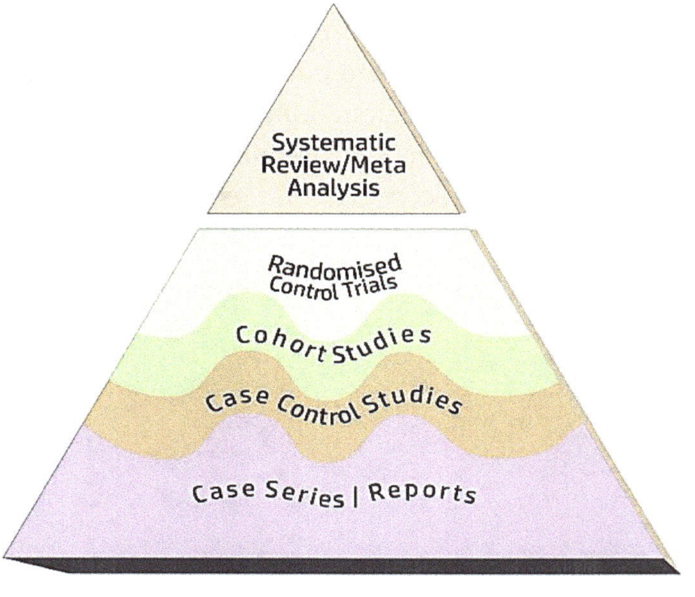

(C) Nueva pirámide según SIGN

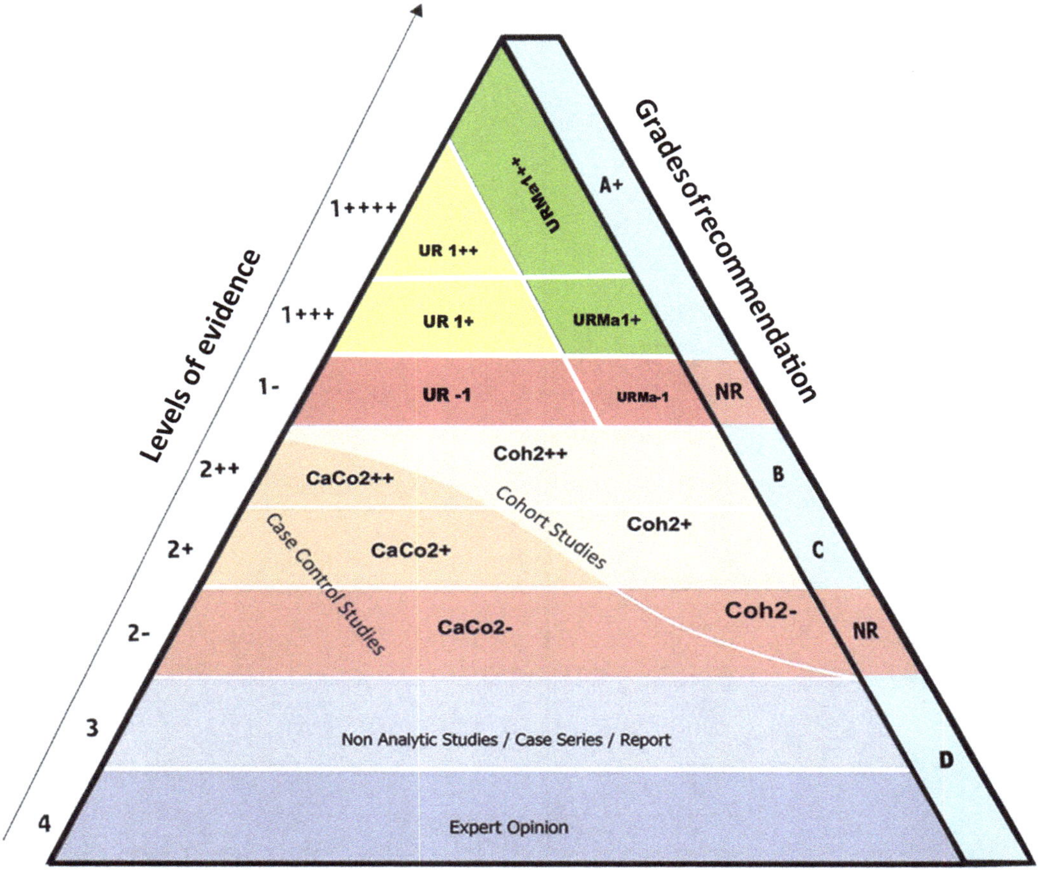

Levels of Evidence

Ma1++: Meta-analyses of high quality with a very low risk of bias.
Ma1+: Meta-analyses well conducted with a low risk of bias.
Ma1-: Meta-analyses with a high risk of bias.

Rs1++: Systematic Review of high quality with a very low risk of bias.
Rs1+: Systematic Review well conducted with a low risk of bias.
Rs1-: Systematic Review with a high risk of bias.

RCT1++: RCTs of high quality with a very low risk of bias.
RCT1+: RCTs well conducted with a low risk of bias.
RCT1-: RCTs with a high risk of bias.

Coh1++: Cohort studies with a wivery low risk of confounding or bias and a high probability that the relationship is causal.
Coh1+: Cohort studies with a low risk of confounding or bias and a moderate probability that the relationship is causal.
Coh1-: Cohort studies with a high risk of confounding or bias and a significant risk that the relationship is not causal.

CaCo1++: Case control studies with a very low risk of confounding or bias and a high probability that the relationship is causal.
CaCo1+: Case control studies with a low risk of confounding or bias and a moderate probability that the relationship is causal.
CaCo1-: Case control studies with a high risk of confounding or bias and a significant risk that the relationship is not causal.

Grades of Recomendation

A At least one meta-analysis, systematic review, or clinical study rated as 1++ and directly applicable to the target population: or a body of evidence consisting principally of studies rated as 1+, directly applicable to the target population, and demonstrating overall consistency of results.

B A body of evidence including studies rated as 2++, directly applicable to the target population and demonstrating overall consistency of results: or extrapolated evidence from studies rated as 1++ or 1+.

C A body of evidence including studies rated as 2+, directly applicable to the target population and demonstrating overall consistency of results: or extrapolated evidence from studies rated as 2++.

D Evidence level 3 or 4: or extrapolated evidence from studies rated as 2 +. Cood Practice Point (CPP), Recommended best practice based on the clinical experience of the guideline development group.

Estudios umbrella en la jerarquización de la evidencia

En los últimos años, los estudios *umbrella* (*umbrella reviews*) han emergido como una herramienta metodológica de gran valor en todas las áreas de la medicina y, en general, en cualquier campo que aplique la Medicina Basada en Evidencia (MBE) o la investigación en salud sustentada en síntesis de evidencia, así como también en el ámbito de la Odontología Basada en Evidencia (OBE). Estos estudios consisten en revisiones sistemáticas de revisiones sistemáticas y proporcionan una visión panorámica de la evidencia acumulada sobre una intervención, exposición o condición clínica determinada.

Su principal fortaleza radica en la síntesis estructurada y jerarquizada de múltiples revisiones, permitiendo a los clínicos y tomadores de decisiones evaluar con mayor certeza la robustez de las recomendaciones derivadas de cuerpos extensos de evidencia.

Evaluación metodológica de revisiones y su lugar en la jerarquía de la evidencia

Es fundamental reconocer las características distintivas de los diferentes tipos de revisiones dentro de la jerarquía de la evidencia científica, ya que no todas poseen el mismo rigor metodológico ni ofrecen el mismo grado de certeza.

En la cúspide de esta jerarquía se encuentran las revisiones sistemáticas (RS) y los metaanálisis, que, cuando están bien ejecutados, proporcionan el más alto nivel de evidencia disponible para informar la práctica clínica. Más recientemente, las revisiones tipo *umbrella* (*umbrella reviews*) han emergido como una estrategia metodológica robusta, al integrar múltiples RS sobre una misma temática, consolidando evidencia de alto nivel con una visión más amplia y estructurada (tabla 17).

Integración metodológica para la evaluación de la evidencia

La evaluación de la evidencia científica requiere de un enfoque metodológico estructurado que permita garantizar la validez, confiabilidad y aplicabilidad de los hallazgos clínicos. Esta integración metodológica se basa en una serie de etapas que conectan la formulación de una pregunta clínica con la selección crítica de la mejor evidencia disponible, su análisis riguroso y su posterior aplicación en la práctica profesional.

Tabla 17. Tipos de revisiones en la jerarquía de la evidencia

Característica	Revisión Sistemática (RS)	Metaanálisis	Revisión Umbrella (Umbrella Review)
Unidad de análisis	Estudios primarios (ensayos, estudios observacionales)	Resultados numéricos de estudios primarios	Revisiones sistemáticas o metaanálisis
Objetivo principal	Sintetizar evidencia sobre una pregunta específica	Combinar estadísticamente los resultados	Evaluar y comparar múltiples RS/ Metaanálisis sobre un tema amplio
Método de síntesis	Narrativa o cuantitativa	Estadística (efectos combinados, heterogeneidad)	Narrativa con tablas comparativas y gráficos
Aplicabilidad	Alta para toma de decisiones específicas	Alta si hay homogeneidad en los estudios	Alta para identificar consistencia general y vacíos de conocimiento
Ventajas	Rigurosidad metodológica, reproducibilidad	Precisión cuantitativa, fuerza de asociación	Visión general, comparación entre evidencias previas
Limitaciones	Alcance limitado a una sola pregunta	Depende de la calidad y homogeneidad de los datos	Riesgo de duplicación, depende de calidad de RS incluidas
Nivel jerárquico	Nivel 1 (alto) Rs (1-), Rs (1+) y Rs (1++)	Nivel 1 (alto) Ma (1-), Ma (1+) y Ma (1++)	Nivel superior (síntesis de síntesis) UR, URMa (1-), UR, URMa (1+++), UR, URMa (1++++)

En primer lugar, el proceso se inicia con la formulación de una pregunta clínica estructurada, frecuentemente bajo el formato PICO (Paciente/Problema, Intervención, Comparación, Resultado), lo que permite delimitar con precisión el objetivo de la búsqueda.

Luego, se realiza la búsqueda sistemática de la evidencia en bases de datos científicas reconocidas (PubMed, MEDLINE, Cochrane Library, EMBASE, Scopus, Epistemonikos, entre otras), eligiendo el tipo de estudio más pertinente al escenario clínico (terapéutico, diagnóstico, pronóstico, preventivo, etc.).

A continuación, se procede a la clasificación jerárquica del tipo de estudio según su nivel de evidencia, utilizando modelos establecidos (como SIGN, CEBM, GRADE o NHMRC), reconociendo que no todos los estudios del mismo diseño ofrecen igual calidad metodológica.

El paso siguiente consiste en la valoración crítica de la evidencia, mediante el uso de herramientas específicas como AMSTAR 2 (para revisiones sistemáticas), PRISMA (para transparencia en el reporte), ROBIS (para riesgo de sesgo en revisiones), GRADE o SIGN (para traducir la calidad de la evidencia en recomendaciones). En este punto, se consideran factores como el riesgo de sesgo, la precisión de los resultados, la consistencia entre estudios, la aplicabilidad clínica y la magnitud del efecto.

Finalmente, se determina el grado de recomendación clínica, que traduce el nivel y la calidad de la evidencia en una guía práctica para la toma de decisiones, siempre considerando el balance entre beneficios y riesgos, las preferencias del paciente, el contexto asistencial y los recursos disponibles.

Este flujo metodológico de evaluación de la evidencia científica constituye un componente esencial de la práctica basada en evidencia, asegurando que las decisiones clínicas se fundamenten en el mejor conocimiento disponible, con rigor, objetividad y pertinencia clínica (ver diagrama de flujo).

Por tanto, comprender la ubicación jerárquica de los distintos tipos de revisiones y aplicar herramientas metodológicas adecuadas resulta esencial para identificar la mejor evidencia disponible, garantizando decisiones clínicas informadas, actualizadas y adaptadas al contexto del paciente.

Figura 3. Integración metodológica para la evaluación de la evidencia

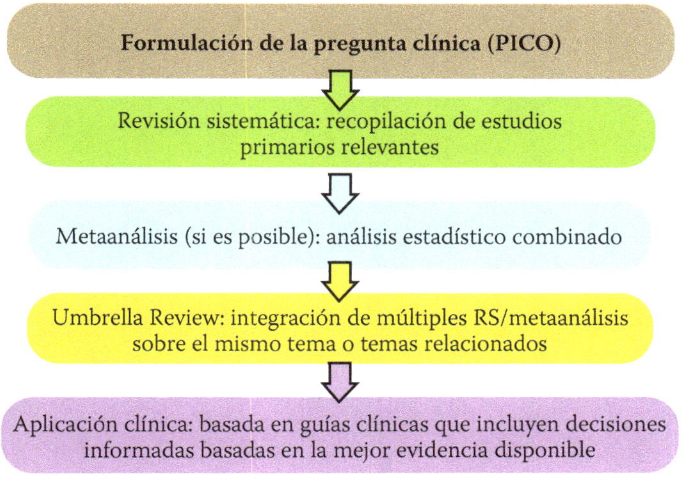

Evaluación metodológica aplicada en umbrella reviews

Los estudios *umbrella* utilizan herramientas rigurosas como AMSTAR 2 (*A MeaSurement Tool to Assess Systematic Reviews*) para evaluar la calidad metodológica de las revisiones incluidas y se han convertido en un nivel superior en la pirámide de la evidencia, particularmente útil cuando existe una gran cantidad de revisiones sistemáticas disponibles sobre un mismo tema[40,41]. Además, permiten detectar redundancias, contradicciones y vacíos en la literatura, lo que los convierte en un instrumento clave para guiar futuras investigaciones y actualizar guías de práctica clínica basadas en evidencia sólida[42,43].

AMSTAR 2: evaluación crítica de revisiones sistemáticas

AMSTAR 2 (*A MeaSurement Tool to Assess Systematic Reviews 2*) es una herramienta metodológica desarrollada con el objetivo de valorar la calidad de las revisiones sistemáticas que incluyen estudios aleatorizados y no aleatorizados sobre intervenciones en salud. Fue presentada por Shea *et al.* en 2017[44] como una actualización de la herramienta AMSTAR original de 2007, y responde a la necesidad creciente de evaluar con mayor rigurosidad la calidad metodológica de revisiones sistemáticas más complejas y diversas[45].

Esta versión ampliada incorpora 16 dominios de evaluación, de los cuales siete son considerados críticos para determinar la confianza global en los resultados de una revisión sistemática (ver figura 4).

Figura 4. Ítems de la herramienta AMSTAR 2

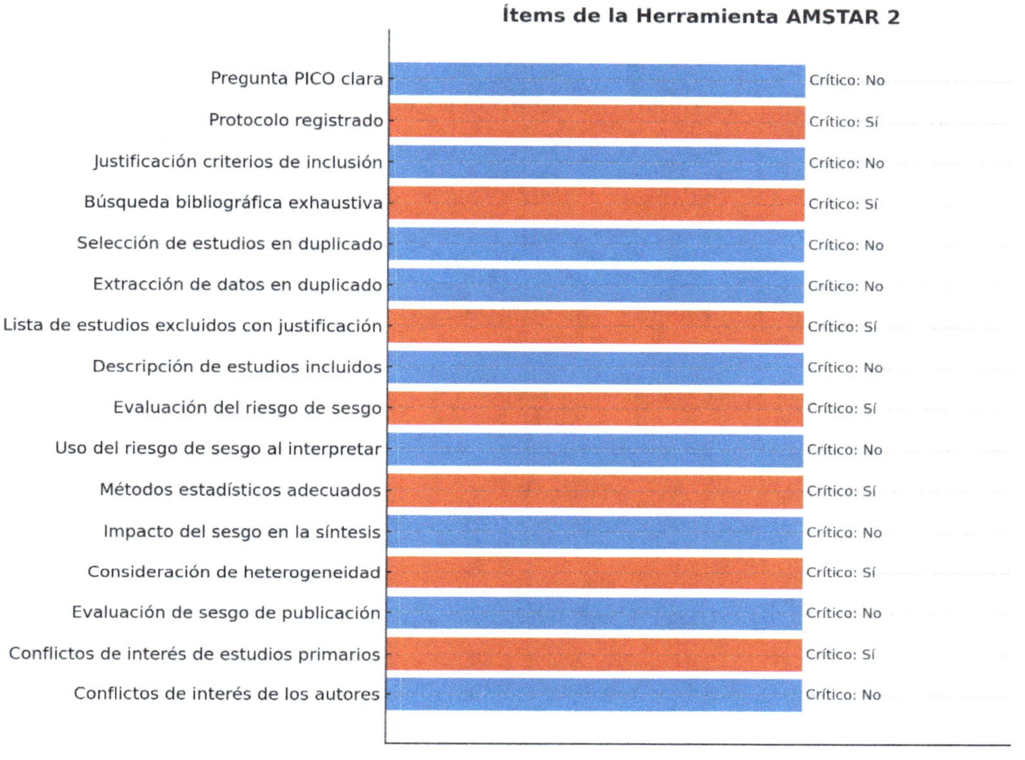

Visualmente, podemos observar la representación de los 16 ítems de la herramienta AMSTAR 2, donde se distinguen claramente los ítems críticos (en rojo) y los no críticos (en azul). Entre estos dominios clave se encuentran: la existencia de un protocolo previamente registrado, la adecuación de los métodos de búsqueda, la evaluación del riesgo de sesgo en los estudios incluidos y la consideración de dicho riesgo al interpretar los resultados.

A diferencia de herramientas que jerarquizan niveles de evidencia, como SIGN, que clasifica los estudios primarios según su diseño y riesgo de sesgo, AMSTAR 2 no otorga un puntaje numérico, sino que proporciona una clasificación cualitativa (alta, moderada, baja o críticamente baja) de la confianza en los resultados de una revisión sistemática.

AMSTAR 2 ha sido ampliamente adoptada en investigación clínica y en revisiones sistemáticas de alta calidad debido a su capacidad para detectar debilidades metodológicas que podrían comprometer la validez de las conclusiones. Es especialmente útil en contextos donde las revisiones sistemáticas se emplean para informar decisiones clínicas, desarrollar guías de práctica clínica o establecer políticas de salud basadas en evidencia.

Comparación entre AMSTAR 2 y SIGN: herramientas para la evaluación crítica de la evidencia científica

En el contexto de la Odontología Basada en Evidencia (OBE) y la Medicina Basada en Evidencia (MBE), la calidad metodológica de los estudios y su jerarquización resultan esenciales para sustentar recomendaciones clínicas seguras y eficaces. Dos herramientas ampliamente utilizadas para estos fines son AMSTAR 2 (*A Measurement Tool to Assess Systematic Reviews*) y el sistema de jerarquización del *Scottish Intercollegiate Guidelines Network* (SIGN).

A continuación, se presenta una comparación detallada de ambas:

Tabla 18. Diferencias clave entre AMSTAR 2 y SIGN

Característica	AMSTAR 2	SIGN
Objetivo principal	Evaluar la calidad metodológica de revisiones sistemáticas	Jerarquizar la evidencia y establecer grados de recomendación
Tipo de estudios evaluados	Revisiones sistemáticas (con ECAs y estudios observacionales)	Estudios primarios (ECAs, cohortes, casos y controles) y RS
Tipo de herramienta	Lista de verificación crítica con 16 ítems	Sistema jerárquico con niveles de evidencia y grados de recomendación
Resultado que entrega	Nivel de confianza (alta, moderada, baja, críticamente baja)	Nivel de evidencia (1++ a 4) y grado de recomendación (A a D)
Aplicación clínica	Selección/exclusión de RS para guías o umbrella reviews	Base para formular recomendaciones clínicas en guías de práctica clínica

Aplicación complementaria

Estas herramientas no son excluyentes, sino que se complementan. En una guía de práctica clínica o en una *umbrella review*:

1. Se aplica AMSTAR 2 para evaluar si las revisiones sistemáticas seleccionadas tienen la calidad suficiente.
2. Posteriormente, con los estudios aprobados, se aplica SIGN para jerarquizar la evidencia y definir el grado de recomendación.

Consideraciones finales

Mientras AMSTAR 2 se centra en la forma y la rigurosidad metodológica de las revisiones, SIGN permite relacionar el contenido de la evidencia con recomendaciones clínicas prácticas. El uso conjunto mejora la transparencia y la confiabilidad en la toma de decisiones basada en evidencia.

Nivel jerárquico del estudio umbrella y su consideración en la pirámide de evidencia

La evaluación mediante *umbrella reviews* es un tipo de investigación secundaria que comprende la recopilación y evaluación sistemática de múltiples revisiones sistemáticas y metanálisis sobre un tema de investigación específico. Este tipo de diseño se desarrolló para abordar el creciente número de revisiones sistemáticas y metanálisis en la literatura biomédica[44].

La calidad de un estudio *umbrella* depende en gran medida de la calidad de las revisiones que lo componen y puede verse afectada por la heterogeneidad metodológica entre estudios, los sesgos de publicación o las diferencias en los criterios de inclusión de las revisiones primarias[46].

La validez de las revisiones *umbrella* depende de la cobertura y la calidad tanto de los estudios primarios como de las revisiones sistemáticas y los metanálisis disponibles, por lo cual deben integrarse en la pirámide de evidencia.[47] Su rasgo más característico es que este tipo de síntesis de evidencia solo considera para su inclusión el nivel más alto de evidencia[43].

Por su carácter integrador y su capacidad para identificar inconsistencias entre revisiones previas, se propone su incorporación por encima de las revisiones sistemáticas y los metanálisis en la pirámide actualizada de niveles de evidencia.

Esta evolución representa un paso metodológico significativo en la medicina y la odontología basadas en la evidencia.

Evolución de la pirámide propuesta según SIGN y umbrella reviews

Considerando la propuesta de nueva pirámide según SIGN, presentada por Arieta y col.[39], donde se resaltan las cualidades de esta herramienta, evidenciando las jerarquías y grados de recomendación de los diferentes estudios de investigación, se hace propicio integrar las revisiones *umbrella* (UR) por encima de las revisiones sistemáticas y los metanálisis, consolidando su jerarquía de gran calidad, muy bajo riesgo de sesgo y alto grado de recomendación.

Se ha detallado la modificación en los rubros de nivel de jerarquía y grado de recomendación, como se puede observar en la tabla 19 y en la figura 5.

Tabla 19. Enfoque metodológico SIGN modificado considerando *umbrella reviews*

Nivel de evidencia	Tipo de estudio
1++++	UR Metanálisis de gran calidad o UR de Rs que utilizan ensayos clínicos aleatorizados con muy bajo riesgo de sesgo.
1+++	URMetanálisis de gran calidad o UR de Rs de ensayos clínicos aleatorizados con bajo riesgo de sesgo.
1++	Metanálisis de gran calidad, revisiones sistemáticas de ensayos clínicos aleatorizados o ensayos clínicos aleatorizados con muy bajo riesgo de sesgo.
1+	Metanálisis bien realizados, revisiones sistemáticas de ensayos clínicos aleatorizados o ensayos clínicos aleatorizados con bajo riesgo de sesgo.
1-	URMa, UR, Metanálisis, revisiones sistemáticas de ensayos clínicos aleatorizados o ensayos clínicos aleatorizados con alto riesgo de sesgo.
2++	Revisiones sistemáticas de alta calidad de estudios de cohortes o de casos-controles o estudios de cohortes o de casos-controles de alta calidad con muy bajo riesgo de confusión, sesgos o azar y una alta probabilidad de que la relación sea causal.
2+	Estudios de cohortes o de casos-controles bien realizados con bajo riesgo de confusión, sesgos o azar y una moderada probabilidad de que la relación sea causal.
2-	Estudios de cohortes o de casos-controles con alto riesgo de confusión, sesgos o azar y una significante probabilidad de que la relación no sea causal.
3	Estudios no analíticos (observaciones clínicas y series de casos).
4	Opiniones de expertos.

Grado de recomendación	Nivel de evidencia
A+	Al menos una umbrella review o metanálisis calificado como 1++, directamente aplicable a la población objeto; o una umbrella review o metanálisis de evidencia consistente, basada principalmente en estudios calificados como 1+, directamente aplicables a la población objeto, y que demuestren globalmente consistencia en los resultados.
A	Al menos un metanálisis, revisión sistemática o ensayo clínico aleatorizado calificado como 1++ y directamente aplicable a la población objeto, o una revisión sistemática de ensayos clínicos aleatorizados o un cuerpo de evidencia consistente principalmente en estudios calificados como 1+ directamente aplicables a la población objeto y que demuestren globalmente consistencia de los resultados.
B	Un cuerpo de evidencia que incluya estudios calificados como 2++ directamente aplicables a la población objeto y que demuestren globalmente consistencia de los resultados o extrapolación de estudios calificados como 1++ o 1+.
C	Un cuerpo de evidencia que incluya estudios calificados como 2+ directamente aplicables a la población objeto y que demuestren globalmente consistencia de los resultados, o extrapolación de estudios calificados como 2++.
D	Niveles de evidencia 3 o 4, o extrapolación de estudios calificados como 2+. Niveles de evidencia y grados de recomendación.

Figura 5. Pirámide propuesta según SIGN y su integración con umbrella reviews

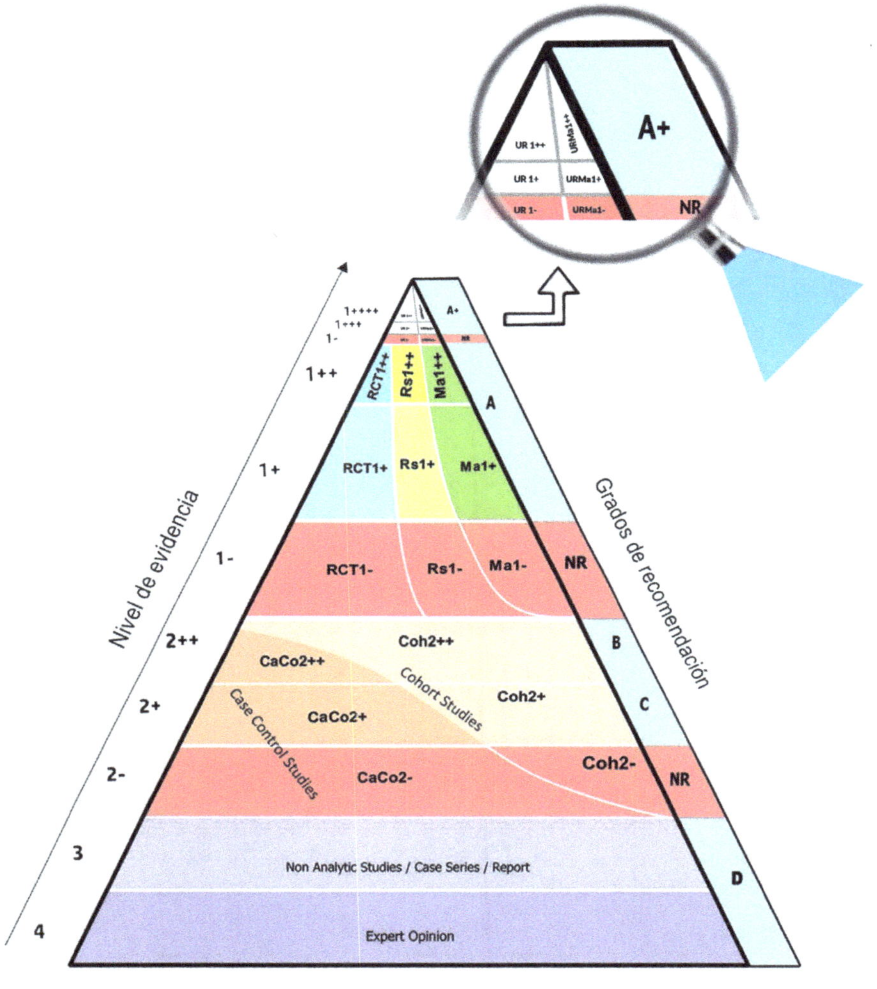

Niveles de Evidencia

UrMa 1++++: Umbrella Review Metanálisis de gran Calidad o UR de Revisión sistemática que utilizan ensayos clínicos aleatorizados con muy bajo riesgo de sesgo
UrMa1+++: Umbrella Review Metanálisis de gran Calidad o UR de Revisión sistemática de ensayos clínicos aleatorizados con bajo riesgo de sesgo
UrMa1-/Ur 1-: URMa o URRs, de ensayos clínicos aleatorizados con alto riesgo de sesgo.

Ma1++: Meta análisis de alta calidad con un muy bajo riesgo de sesgo.
Ma1+: Meta análisis bien realizado con un bajo riesgo de sesgo.
Ma1-: URMa, UR, Metanálisis, revisiones sistemáticas de ensayos clínicos aleatorizados o ensayos clínicos aleatorizados con alto riesgo de sesgo.

Rs1++: Revisión sistemática de alta calidad con un muy bajo riesgo de sesgo.
Rs1+: Revisión sistemática bien realizado con un bajo riesgo de sesgo.
Rs1-: Revisión sistemática con alto riesgo de sesgo.

RCT1++: Ensayo clínico aleatorizado de alta calidad con un muy bajo riesgo de sesgo.
RCT1+: Ensayo clínico aleatorizado bien realizado con un bajo riesgo de sesgo.
RCT1-: Ensayo clínico aleatorizado con alto riesgo de sesgo.

Coh1++: Estudios de cohorte con un riesgo muy bajo de confusión o sesgo y una alta probabilidad de que la relación sea causal.
Coh1+: Estudios de cohorte con un riesgo bajo de confusión o sesgo y una probabilidad moderada de que la relación sea causal.
Coh1-: Estudios de cohorte con un alto riesgo de confusión o sesgo y un riesgo significativo de que la relación no sea causal.

CaCo1++: Estudios de casos y controles con un riesgo muy bajo de factores de confusión o sesgo y una alta probabilidad de que la relación sea causal.
CaCo1+: Estudios de casos y controles con un riesgo bajo de factores de confusión o sesgo y una probabilidad moderada de que la relación sea causal.
CaCo1-: Estudios de casos y controles con un alto riesgo de factores de confusión o sesgo y un riesgo significativo de que la relación no sea causal.

Grados de Recomendación

A+: Al menos una umbrella review metanálisis, calificado como 1++ y directamente aplicable a la población objeto, o una UR metanalaisis de evidencia consistente principalmente en estudios calificados como 1+ directamente aplicables a la población objeto y que demuestren globalmente consistencia de los resultados.

A: Al menos un meta análisis, revisión sistemática o estudio clínico con calificación 1++ y directamente aplicable a la población objetivo: o un conjunto de evidencia consistente principalmente en estudios con calificación 1+, directamente aplicables a la población objetivo y que demuestren consistencia general de los resultados.

B: Un conjunto de evidencia que incluya estudios con calificación 2++, directamente aplicables a la población objetivo y que demuestren consistencia general de los resultados: o evidencia extrapolada de estudios con calificación 1 o 1.

C: Un conjunto de evidencia que incluya estudios con calificación 2+, directamente aplicables a la población objetivo y que demuestren consistencia general de los resultados: o evidencia extrapolada de estudios con calificación 2++.

D: Nivel de evidencia 3 o 4: o evidencia extrapolada de estudios con calificación 2+. Punto de Buenas Prácticas (PPC): Buenas prácticas recomendadas basadas en la experiencia clínica del grupo de desarrollo de la guía.

Consideraciones finales

A lo largo de este capítulo se ha expuesto un recorrido riguroso por la evolución de los sistemas de clasificación y jerarquización de la evidencia científica, desde los primeros aportes de Sackett hasta las herramientas contemporáneas como SIGN, GRADE, CEBM, NHMRC y NICE. Se ha destacado cómo estos sistemas han madurado hacia esquemas más complejos e integradores, capaces de adaptarse a distintos escenarios clínicos y a los desafíos metodológicos propios de la investigación actual.

En ese contexto, la pandemia por COVID-19 actuó como catalizador, visibilizando las fortalezas y limitaciones de la Medicina Basada en la Evidencia (MBE) y la Odontología Basada en la Evidencia (OBE). Esta situación excepcional impulsó el desarrollo de revisiones rápidas, consensos de expertos y estrategias colaborativas internacionales, pero también reforzó el papel central de la evidencia científica como soporte esencial para la toma de decisiones clínicas fundamentadas, seguras y contextualizadas.

Uno de los aportes principales de este trabajo ha sido la propuesta de una nueva pirámide de niveles de evidencia basada en la escala SIGN, en la que se representa de forma didáctica cómo cada diseño de estudio conduce a un determinado grado de recomendación, y donde se incorpora una innovación clave: la inclusión de la *umbrella review* en la cúspide de la pirámide. Esta inclusión responde a la creciente relevancia de este tipo de revisión como síntesis de alto nivel, que agrupa evidencia proveniente de múltiples revisiones sistemáticas, constituyéndose en una herramienta metodológica robusta para orientar la toma de decisiones clínicas en entornos complejos.

Asimismo, se han descrito los distintos tipos de revisiones (narrativas, sistemáticas, con o sin metaanálisis, y *umbrella*), su ubicación dentro de la jerarquía de la evidencia, y se han mencionado herramientas específicas para la evaluación crítica de su calidad metodológica, tales como AMSTAR 2, PRISMA, ROBIS y los recursos de *EQUATOR Network*, esenciales para garantizar transparencia, confiabilidad y utilidad clínica de los hallazgos.

Se presentó también un flujo metodológico de integración de la evidencia, desde la formulación de la pregunta clínica mediante el acrónimo PICO, hasta la aplicación de la intervención a través de las guías de práctica clínica, haciendo énfasis en el rol activo del clínico como lector crítico de la literatura científica.

En resumen, el presente trabajo busca aportar una herramienta moderna, útil y didáctica para comprender y aplicar la jerarquía de la evidencia en el campo odontológico. La actualización de la pirámide SIGN con la inclusión de la *umbrella review*, además de las consideraciones sobre las herramientas de evaluación metodológica, constituyen aportes relevantes tanto para la práctica clínica como para la docencia universitaria, contribuyendo al fortalecimiento de decisiones clínicas verdaderamente basadas en evidencia científica.

Referencias

1. Atkins D, Best D, Briss PA, *et al.*; GRADE Working Group. Grading quality of evidence and strength of recommendations. *BMJ.* 2004;328:1490.
2. Manterola C, Zavando D; Grupo MINCIR. Cómo interpretar los «niveles de evidencia» en los diferentes escenarios clínicos. *Rev Chil Cir.* 2009;61:582-95.
3. Robinson KA, Akinyede O, Dutta T, *et al.* Framework for determining research gaps during systematic review: evaluation. Rockville (MD): Agency for Healthcare Research and Quality (US); 2013.
4. Cook DJ, Mulrow CD, Haynes RB. Systematic reviews: synthesis of best evidence for clinical decisions. *Ann Intern Med.* 1997;126(5):376-80.
5. Jovell AJ, Navarro-Rubio MD. Evaluación de la evidencia científica. *Med Clin (Barc).* 1995;105:740-3.
6. Guyatt GH, Sackett DL, Sinclair JC, Hayward R, Cook DJ, Cook RJ. Users' guides to the medical literature: IX. A method for grading health care recommendations. *JAMA.* 1995;274:1800-4.
7. Cochrane AL. *Effectiveness and efficiency: random reflections on health services.* London: Nuffield Provincial Hospitals Trust; 1972.
8. Evidence-Based Medicine Working Group. Evidence-based medicine: a new approach to teaching the practice of medicine. *JAMA.* 1992;268(17):2420-5.
9. Smith R. Where is the wisdom...? The poverty of medical evidence. *BMJ.* 1991;303(6806):798-9.
10. Sackett DL, Straus SE, Richardson WS, Rosenberg W, Haynes RB. *Evidence-based medicine: how to practice and teach EBM.* 2nd ed. Edinburgh: Churchill Livingstone; 1997.
11. Cochrane Iberoamérica. Quiénes somos [Internet]. Disponible en: https://iberoamericana.cochrane.org/es/quienes-somos
12. Richards D, Lawrence A. Evidence-based dentistry. *Br Dent J.* 1995;179:270-3.
13. FDI World Dental Federation. Declaración sobre OBE. Poznań; 2016.
14. World Health Organization. Considerations for the provision of essential oral health services in the context of COVID-19. Geneva: WHO; 2020.
15. FDI World Dental Federation. COVID-19 Resource Library for Oral Health Professionals. 2020.
16. Kay E. Lessons from COVID and looking to the future. *Evid Based Dent.* 2020;21(2):118.
17. Maro-Castillejo A, Zulaica D. Aplicación del sistema GRADE en la elaboración de guías clínicas. *Gac Sanit.* 2007;21(5):420-3.
18. Manterola C, Otzen T, Ramírez J. Medicina basada en la evidencia: herramientas para la práctica clínica. *Rev Méd Clínica Las Condes.* 2014;25(5):699-709.
19. Saha S, Hoerger TJ, Pignone M, Teutsch SM. The art and science of incorporating cost-effectiveness into evidence-based recommendations for clinical preventive services. *Am J Prev Med.* 2001;20(3 Suppl):36-43.
20. Guyatt GH, Oxman AD, Vist GE, Kunz R, Falck-Ytter Y, Alonso-Coello P, *et al.*; GRADE Working Group. GRADE: an emerging consensus on rating quality of evidence and strength of recommendations. *BMJ.* 2008;336:924-6.

21. Scottish Intercollegiate Guidelines Network (SIGN). *SIGN 50: a guideline developer's handbook* [Internet]. Edinburgh: SIGN; 2011 [citado 18 feb 2014]. Disponible en: http://www.sign.ac.uk/guidelines/fulltext/50/index.html
22. Mella M, *et al.* Niveles de evidencia clínica y grados de recomendación. *Rev Soc And Traum Ort.* 2012;29(1-2):59-72.
23. Manterola C, Asenjo-Lobos C, Otzen T. Jerarquización de la evidencia: niveles de evidencia y grados de recomendación de uso actual. *Rev Chil Infectol.* 2014;31(6):705-18.
24. Harris RP, Helfand M, Woolf SH, Lohr KN, Mulrow CD, Teutsch SM, Atkins D; Methods Work Group, Third US Preventive Services Task Force. Current methods of the US Preventive Services Task Force: a review of the process. *Am J Prev Med.* 2001;20(3 Suppl):21-35.
25. Birtwhistle R, Pottie K, Shaw E, Dickinson JA, Brauer P, Fortin M, *et al.* Canadian Task Force on Preventive Health Care: we're back! *Can Fam Physician.* 2012;58(1):13-5.
26. Sackett DL. Rules of evidence and clinical recommendations on the use of antithrombotic agents. *Chest.* 1989;95(2 Suppl):2S-4S.
27. Oxford Centre for Evidence-Based Medicine. *The Oxford 2009 levels of evidence.* Oxford: CEBM; 2009.
28. Canfield SE, Dahm P. Rating the quality of evidence and the strength of recommendations using GRADE. *World J Urol.* 2012;29(3):311-7.
29. Guyatt G, Oxman AD, Akl EA, Kunz R, Vist G, Brozek J, *et al.* GRADE guidelines: 1. Introduction—GRADE evidence profiles and summary of findings tables. *J Clin Epidemiol.* 2011;64(4):383-94.
30. Guyatt G, Gutterman D, Baumann MH, Addrizzo-Harris D, Hylek EM, Phillips B, *et al.* Grading strength of recommendations and quality of evidence in clinical guidelines: report from an American College of Chest Physicians Task Force. *Chest.* 2006;129(1):174-81.
31. Harbour R, Miller J. A new system for grading recommendations in evidence-based guidelines. *BMJ.* 2001;323(7308):334-6.
32. National Institute for Health and Care Excellence (NICE). *The guidelines manual: consultation on the 2012 update* [Internet]. Disponible en: http://www.nice.org.uk/aboutnice/howwework/developingniceclinicalguidelines/GuidelinesManualConsultation2012.jsp
33. Merlin T, Weston A, Tooher R. Extending an evidence hierarchy to include topics other than treatment: revising the Australian 'levels of evidence'. *BMC Med Res Methodol.* 2009;9:34.
34. Burns PB, Rohrich RJ, Chung KC. The levels of evidence and their role in evidence-based medicine. *Plast Reconstr Surg.* 2011;128(1):305-10.
35. Evans D. Hierarchy of evidence: a framework for ranking evidence evaluating healthcare interventions. *J Clin Nurs.* 2003;12(1):77-84.
36. Murad MH, Asi N, Alsawas M, Alahdab F. New evidence pyramid. *BMJ Evid Based Med.* 2015;21(4):125-7.
37. Guyatt GH, Oxman AD, Vist GE, Kunz R, Falck-Ytter Y, Alonso-Coello P, *et al.* GRADE: an emerging consensus on rating quality of evidence and strength of recommendations. *BMJ.* 2008;336(7650):924-6.
38. Murad MH, Montori VM, Ioannidis JP, *et al.* How to read a systematic review and meta-analysis and apply the results to patient care: users' guides to the medical literature. *JAMA.* 2014;312(2):171-9.
39. Arieta-Miranda JM, Ruiz-Yasuda CC, Pérez Vargas LF, Torres Ricse DA, Díaz SP, Arieta YC, *et al.* Nueva propuesta piramidal para los niveles de evidencia científica según SIGN. *Cir Plást Reconstr.* 2022;149(4):841e-3e. doi:10.1097/PRS.0000000000008946

40. Fusar-Poli P, Radua J, Tench CR, *et al.* Umbrella reviews: the next frontier in evidence synthesis? *Eur Neuropsychopharmacol.* 2019;29(11):1273-9. doi:10.1016/j.euroneuro.2019.08.106.
41. Ioannidis JPA. The mass production of redundant, misleading, and conflicted systematic reviews and meta-analyses. *Milbank Q.* 2016;94(3):485-514. doi:10.1111/1468-0009.12210.
42. Bougioukas KI, Vounzoulaki E, Mavridis D, *et al.* Methods for research synthesis in umbrella reviews: a critical review. *BMC Med Res Methodol.* 2022;22:140. doi:10.1186/s12874-022-01637-3.
43. Aromataris E, Fernandez R, Godfrey CM, Holly C, Khalil H, Tungpunkom P. Summarizing systematic reviews: methodological development, conduct and reporting of an umbrella review approach. *Int J Evid Based Healthc.* 2015;13(3):132-40. doi:10.1097/XEB.0000000000000055.
44. Shea BJ, Reeves BC, Wells G, *et al.* AMSTAR 2: a critical appraisal tool for systematic reviews that include randomised or non-randomised studies of healthcare interventions, or both. *BMJ.* 2017;358:j4008. doi:10.1136/bmj.j4008.
45. Shea BJ, Grimshaw JM, Wells GA, *et al.* Development of AMSTAR: a measurement tool to assess the methodological quality of systematic reviews. *BMC Med Res Methodol.* 2007;7:10. doi:10.1186/1471-2288-7-10.
46. Pieper D, Antoine SL, Mathes T, Neugebauer EAM, Eikermann M. Systematic review finds overlapping reviews were not mentioned in every other overview. *J Clin Epidemiol.* 2014;67(4):368-75. doi:10.1016/j.jclinepi.2013.11.007.
47. Belbasis L, Bellou V, Ioannidis JPA. Conducting umbrella reviews. *BMJ Med.* 2022;1(1):e000071. doi:10.1136/bmjmed-2021-000071. PMID: 36936579; PMCID: PMC9951359.

SOBRE LOS AUTORES

Gilmer Torres Ramos

Experiencia académica y de investigación:

Docente Principal e investigador del Departamento de Estomatología Pediátrica, Facultad de Odontología, Universidad Nacional Mayor de San Marcos.
Germán Amézaga 375, Lima, 15081, Perú.

Es especialista en Odontopediatría, cuenta con una Maestría en Gestión de Servicios de Salud, obtuvo un Doctorado en Estomatología, realizó un posdoctorado en Pediatría y es investigador RENACYT.

Jessica Arieta-Miranda

Experiencia académica y de investigación:

Docente auxiliar e investigadora RENACYT del Departamento de Estomatología Pediátrica, Facultad de Odontología, Universidad Nacional Mayor de San Marcos.
Germán Amézaga 375, Lima, 15081, Perú

Es especialista en Ortodoncia y cuenta con una Maestría en Administración y Gestión de Servicios de Salud.

Egresada del Programa de Doctorado en Estomatología, Facultad de Odontología,
Universidad Nacional Mayor de San Marcos, Lima, Perú.

CADUCEUS

www.ingramcontent.com/pod-product-compliance
Lightning Source LLC
LaVergne TN
LVHW082047051026
849532LV00011B/3518